财游记

善财童子
理财取经故事

曾昭逸◎著

图书在版编目（CIP）数据

财游记：善财童子理财取经故事 / 曾昭逸著. —北京：北京大学出版社，2019.4
ISBN 978-7-301-30410-5

Ⅰ. ①财… Ⅱ. ①曾… Ⅲ. ①财务管理—通俗读物 Ⅳ. ①TS976.15-49

中国版本图书馆CIP数据核字(2019)第051398号

书　　名	财游记：善财童子理财取经故事 CAIYOUJI：SHANCAITONGZI LICAI QUJING GUSHI
著作责任者	曾昭逸 著
插 画 作 者	包噗噗
策 划 编 辑	兰　慧
责 任 编 辑	兰　慧
标 准 书 号	ISBN 978-7-301-30410-5
出 版 发 行	北京大学出版社
地　　址	北京市海淀区成府路205号　100871
网　　址	http://www.pup.cn
电 子 信 箱	em@pup.cn　QQ:552063295
新 浪 微 博	@北京大学出版社　@北京大学出版社经管图书
电　　话	邮购部010-62752015　发行部010-62750672　编辑部010-62752926
印 刷 者	天津图文方嘉印刷有限公司
经 销 者	新华书店
	720毫米×1020毫米　16开　18.75印张　240千字
	2019年4月第1版　2019年4月第2次印刷
定　　价	68.00元

财游记诗

财富之山分五界，起落循环是常态。

运气出身不可求，理财投资严相待。

八一陷阱十二关，十二生肖来把关。

五位童子起点异，各逞其商登顶台。

善财牛魔铁扇女，一家降生尘埃里。

理财投资创企业，几起几落艰辛历。

学财明性功力进，历经五界终登顶。

钱江堰里财自生，财富宫中取真经。

人物介绍

牛魔王和铁扇公主被罚落人间时所生的孩子，学习好，对数字敏感，喜理财。从贫困界起步，学习全方位、多品种理财，后创办“牛学教育”并上市。凭“财商”升入财富界，后被封为“善财神”。

花果山另一块神石孕育而生，智力超群，好科研，来自小康界。从蟠桃中提取原料并制成长生不老药。凭“智商”升入财富界，后被封为“智能神”。

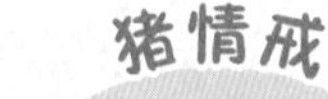

女，猪八戒第38代后裔，来自小康界，严重缺乏理财头脑。年少时即为著名的童星。后和龙命子结婚，婚后因丈夫破产再度进入娱乐界而大红。凭“情商”升入财富界，后被封为“天情神”。

稳重坚毅，来自富足界。继承其父遗志，在孙智圣帮助下，研发出长生不老药，公司“仙桃长生”上市成功。凭“企商”升入财富界，后被封为“企管神”。

龙宫集团董事长的孙子，天生就在财富界。从小喜欢玩游戏，擅长软件编程，后和猪情戒结婚。从财富界跌落，后几经波折再度升入财富界。凭“命商”升入财富界，后被封为“天命龙马”。

财灵

女，文财神范蠡制造的聚宝盆滋生的灵童，财神的弟子。曾经的主人还有吕不韦、沈万三和胡雪岩等超级富豪。

财神

原名赵公明，又名赵玄坛，面似锅底，手执钢鞭，身骑黑虎，极其威武。正月初五为其生日，民间皆供其神像，以求财富。此外，还有文财神范蠡和武财神关羽。

牛魔王

被贬入人间后降生在贫困界。在其子善财童子帮助下，改掉不良习性后创办“牛学教育”。原为孙悟空结拜兄弟，因后者请观音菩萨降服其子红孩儿而两人反目，后被哪吒父子等收服，最后归顺佛家。

铁扇公主

女，牛魔王之妻，在其子善财童子帮助下，改掉不良投资和消费习性后走上理财的成功之道。前世中，拥有法宝芭蕉扇，曾被迫帮唐僧师徒灭火焰山之火，被降服后修行得正果。

虎力教练

财神弟子，主管“投资自己”。原为车迟国三国师之一。

注：虎为百兽之王，“自己”为各投资品种之首。

财神弟子，主管“消费”。原为天蓬元帅，后因调戏嫦娥而被打落人间，后成为唐僧二徒弟，贪吃好色且懒，取经后被封为“净坛使者”。

注：消费面对的内外诱惑太多，需要“八戒”方能理性消费。

老鼠精

女，财神弟子，主管“储蓄型理财”。原为陷空山无底洞洞主，欲强逼唐僧成亲未成，后被哪吒父子收服。

注：鼠好打洞存食，财富也宜适当储存。

毗蓝婆

女，财神弟子，主管“债券”。原为昴日星官（司晨的大公鸡）的母亲，住在紫云山千花洞。法力无边，大慈大悲。曾助唐僧师徒收服百眼魔君。

注：母鸡定期下蛋，债券定期付息。

龙老

财神弟子，主管“收藏品”。原名敖广，曾被孙悟空强行取走了定海神针。

注：龙老爱收藏宝贝，龙宫藏宝无数。

七绝山蛇怪

财神弟子，主管“保险”。原在七绝山驼罗庄为害三年，吃人无数，后被孙悟空和猪八戒打死。

注：各种风险意外，正如人生路上出没的各种蛇。保险就是要防蛇为害。

羊力向导

财神弟子，主管“外汇”。原为车迟国三国师之一。

注：“羊”同“洋”，外汇就是洋钱。

孙悟空

财神弟子，主管“实业”。原为唐僧三大弟子之首，取经路上最大功臣，取经后被封为“斗战胜佛”。

注：做好实业，需要孙悟空的七十二般变化和勇于挑战、不畏艰难的气概。

玉兔

女，财神弟子，主管“房产”。原为嫦娥的捣药丫环，曾下凡假扮公主，抛绣球欲择唐僧为夫，后被嫦娥带回月宫。

注：投资房产，正是为了“狡兔三窟”。

白龙马

财神弟子，主管“基金”。原为西海龙王三太子，唐僧取经路上的坐骑，取经后被封为“八部天龙马”。

注：选基金，就是要有慧眼选好“千里马”。

兕大王

财神弟子，主管“股票”。本为太上老君坐骑青牛，偷宝贝金钢琢下界为妖，后被太上老君收服。

注：投资股票，就是要骑在“牛”背上，莫被“牛”踩在脚下。

哮天犬

财神弟子，主管“期货期权”。原为二郎神身边斗犬，曾在二郎神斗孙悟空时咬过后者一口。

注：期货期权，本是主人保障投资和财富安全的看家犬。

前言

Preface

一个人的顺利成长和成就取决于智商、情商和财商的高低以及它们的协同效应。很多人都会后悔，没有在十多年前买很多房子，没有在股市低谷时重仓买股票，没有在比特币起步时投资；而更多人则更后悔在股市高点时全仓杀入而被套牢，后悔贪图高收益而投资P2P导致血本无归。究其原因，无非是智商、情商和财商的失衡而已。

有人说，一个人一生面临足以改变命运的投资机会可能不到七次。年少时，不懂，也没钱；老了，时日不多，又变得胆小。因此同时具备这种意识和财力去付诸行动的真正机会，可能也就两次到四次。而如果一个人早一些具备理财知识，训练理财技能，从小的资金起步，慢慢培育理财的专业能力，就有可能多抓住几次机会。

但是，在目前巨大的升学压力下，孩子们几乎全部着力于课本知识和智力的培育，情商和财商多是顾不上的。今天的中小学生，盲目消费和攀比的行为非常普遍；大学校园里陷入非法高利贷陷阱的学生也屡见不鲜。他们一旦步入社会参加工作，成为月光一族甚至寅吃卯粮，也多是必然的。这些都说明了财商教育的严重缺失，深陷其中的个人和社会也早已尝到恶果。

研究表明，中学阶段是财商教育的关键时期。在这个阶段，人的金钱价值观和消费习惯尚未形成，因此有规划、循序渐进地进行理财教育，让他们参与理财实践活动，正确认识金钱以及懂得如何运用金钱的规律，是非常必要的。

但具体如何系统地着手呢？如何把许多成人都不太清楚的经济知识和理财要点讲给孩子们听，给他们提供理财的机会呢？为此，我基于《西游记》的主要人物和脉络故事，并结合自己多年理财教育的实践，写成了《财游记：善财童子理财取经故事》一书，也算是一种尝试吧。

本书讲述的是五个小伙伴一路追求财富、冒险取经的故事。善财童子（侧重财商）、唐企僧（侧重企商）、孙智圣（侧重智商）、猪情戒（侧重情商）、龙命子（侧重命商）五人，各自从不同的界出发，历经艰难险阻，不断累积财富，几经波折，最后都成功升达财富界并获取了不同的真经。在真正理解了钱和财富的精髓之后，他们心性大进，脱离财富山升入智慧界，受封为神。

本书的重点是善财童子的理财成长路径。他8岁时从贫困界起步，一路上遭遇了各种理财投资陷阱和挑战，但在财灵等的指点下，他在贫困界学会了如何投资自我；在温饱界深得消费、储蓄、债券的精髓；在小康界掌握了基金、保险、创业的运行规律；在富足界参与投资房地产、收藏品、股权、股票、期货期权等品种；在财富界识透了财富的真义。历经18年，善财童子终于顺利通过了5界12大投资品种关（分别由十二生肖之一把守），最终在26岁时取得投资真经。

本书顺应了孩子智力和性格发展的特点，结合孩子成长过程中一个家庭普遍遇到的消费理财等各种需求和场景，有序展开。故事可读性强，方法实用，并配有大量有趣的漫画，值得父母和孩子共读，是一本很好的亲子读物。当然，如果成人想在较短的时间里，相对轻松地学会系统的理财知识和技能，本书也是不错的选择。

目录

Contents

第三篇 打造自己的“钱江堰”

第四篇 温饱界里并不“温柔”的陷阱

目录

Contents

目录 Contents

楔子

行者又将请菩萨、收童子之言，备陈一遍。三藏听得，即忙跪下，朝南礼拜。行者道："不消谢他，转是我们与他作福，收了一个童子。"——如今说童子拜观音，五十三参，参参见佛，即此是也。

——《西游记》第四十三回

行者满脸陪笑道："……他如今现在菩萨处做善财童子，实受了菩萨正果，不生不灭，不垢不净，与天地同寿，日月同庚。你倒不谢老孙保命之恩，返怪老孙，是何道理！"

——《西游记》第五十九回

哪吒取出火轮儿挂在那老牛的角上，便吹真火，焰焰烘烘，把牛王烧得张狂哮吼，摇头摆尾。才要变化脱身，又被托塔天王将照妖镜照住本像，腾那不动，无计逃生，只叫："莫伤我命！情愿归顺佛家也！"

那罗刹（铁扇公主——作者注）接了扇子。念个咒语，捏做个杏叶儿，噙在口里。拜谢了众圣，隐姓修行，后来也得了正果，经藏中万古流名。

——《西游记》第六十一回

行者嚷道："如来!我师徒们受了万蜇千魔，千辛万苦，自东土拜到此处，蒙如来分付传经，被阿傩、伽叶掯财不遂，通同作弊，故意将无字的白纸本儿教我们拿去，我们拿他去何用?望如来敕治!"佛祖笑道："你且休嚷。他两个问你要人事之情，我已知矣。但只是经不可轻传，亦不可以空取。向时众比丘圣僧下山，曾将此经在舍卫国赵长者家与他诵了一遍，保他家生者安全，亡者超脱，只讨得他三斗三升米粒黄金回来。我还说他们忒卖贱了，教后代儿孙没钱使用。你如今空手来取，是以传了白本。白本者，乃无字的真经，倒也是好的。因你那东土众生，愚迷不悟，只可以此传之耳。"即叫："阿傩、伽叶，快将有字的真经，每部中各检几卷与他，来此报数。"

——《西游记》第九十八回

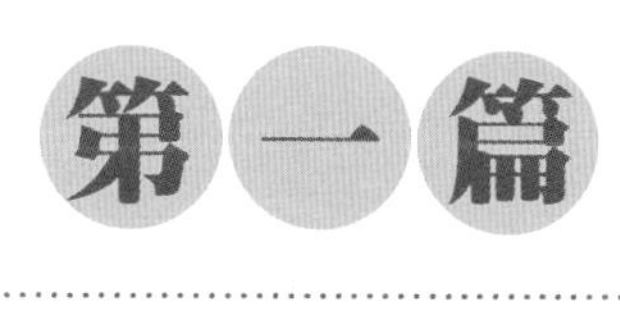

佛祖的大计谋

第一章

降生贫困界

经过几番惊天动地的大战，牛魔王和铁扇公主终被观音菩萨等佛界大佬降服，之后暂时在佛教圣地灵山上干些看家护院、打扫卫生之类的活，以磨灭积习已久的魔性。夫妻俩尽管心有不甘，但也无可奈何。

又过了几年，唐僧师徒四人一行到了灵山，但掌管佛经的阿傩、迦叶第一次给了他们无字真经，第二次又借机索要了唐僧的袈裟和金钵，让唐僧师徒大为不满。佛祖知道灵山僧多粥少，倒也没有太责怪阿傩和迦叶，反而为他们开脱，说这是给唐僧师徒设置的又一次挑战，以凑够九九八十一难的劫数，但佛祖内心还是很过意不去的。其实早在此前，佛祖和观音菩萨就发觉老百姓的进贡越来越少，但一时也没想出什么好法子来。天上一天，地上一年，就这样拖拉着又过了1 000多天，而人间已经过去1 000多年了，他们终于想出了一个法子——将牛魔王和铁扇公主贬入人间，变成了一对再普通不过的夫妻。由于没有受过良好的教育，又缺乏一技之长，夫妻俩只能日夜为生存操劳奔波。他们以往的记忆、神通和宝贝也早已被佛祖封存，自己压根都不记得了。

牛魔王和铁扇公主降生在唐人国京城的贫困界。一城即一山，京城依

托面海的财富山由低到高依次而建。按照财富的多少，财富山从下到上依次大体分为五个境界，分别是贫困界、温饱界、小康界、富足界和财富界。当然，五界之间界限不甚分明，没有高墙深沟所分割，但有不同渠道可以升降转换，升降主要取决于时代更替以及个人的能力、努力和命运，由此财富山才保持着一定的流动性和生机活力。高界的人可以自由选择在低界工作和生活。但由于生活成本和个人格局等原因，低界的人很少能去高界工作和生活。五界享有共同的学校、医院等。

贫困界的居民有几种。第一种是祖祖辈辈都一直待在贫困界的，他们的生存条件和工作条件都不好，受教育程度不高，没有翻身的资源和能力。第二种是因为生病、挥霍、意外灾难等花光了积蓄而从上面的各界滑落下来的，近年来还新增了一大批中了投资理财陷阱破产而从其他各界里掉下来的人。第三种是一些突发横财后又很快破产的人。贫困界的人衣食有忧，居住窘迫，有的只能住在地下室、笼屋甚至地下管道里。

过了一年，在租来的破旧半地下室里，铁扇公主生下了一个活泼可爱的孩子，红孩儿就这样也转世来到了财富山。和父母一样，他以往的各种记忆和神通也都被封存。生孩子前一晚，铁扇公主梦见各种金银财宝从地下涌出，还梦见财神为孩子赐名“善财”。牛魔王也希望孩子将来能不为钱发愁、过上快乐幸福的生活，因此给他取名善财。

人如其名，善财天生聪慧，对数字很敏感，见到金钱更是倍感亲切。但对于牛魔王和铁扇公主而言，多了一张嘴，就多了一分生存的压力。尤其是善财如此好的天资，他们可不想把它埋没了。于是，夫妻俩更加想方设法、没日没夜地挣钱。

但是，对于这样一对没上过大学，也没有社会资源的年轻夫妻而言，拥有的选择真的不多。牛魔王干过建筑小工扛沙包，却总被拖欠工钱。他也曾被新认识的几个朋友骗去外地挖煤矿，三天后差点被人为制造的塌方压死在矿井里，爬出来时发现同伴都跑了，而矿主如见鬼神，稳过神来后说牛魔王的“表兄们”拿了他的20万元赔偿金早就走了。牛魔王还被别人骗去干过传销，但在培训窝点待了一周之后，传销的头脑们恭恭敬敬地把他送出来了，因为他能吃能喝，且能说笑逗唱，女伴们对他倾慕不已，这极大地影响了传销培训的效果。半个月后，这个传销窝点因一个新进去的小伙被逼死而被公安查封，当地警察在调查时还说牛魔王真是一个人才，能让传销头脑恭送出来，真是天下少有的事。

后来，得益于互联网发展兴起的快递业，牛魔王当起了快递小哥，天天骑着摩托，上贴“少壮不努力，老大送快递”的标语，风里来雨里去地给人送快递。铁扇公主则一边照顾善财的吃喝拉撒，一边抽空做一些绣花扇子卖点钱。刺绣的本领好像是她从娘胎里带来的，一看就会，人物、花鸟等被她绣得活灵活现。一开始她自己零星地把扇子拿到集市上去卖，后来也开了一个小网店。

牛魔王和铁扇公主尽管收入不高，但好歹也能勉强维持生活。当发生一些意外，比如家人生病或者牛魔王在送快递的路上被车撞伤时，夫妻俩便求爷爷告奶奶地借点钱，勉强解一下燃眉之急。尽管条件很艰苦，但夫妻俩宁可委屈自己，也极力确保了善财的正常生活和幼儿园教育。

第二章

组建财富升级小分队

转眼就到了七岁入学年龄，善财很幸运地上了家附近的才学小学，这是一所全国著名的小学，以各种国学和音乐的兴趣小组而闻名。上学后，小朋友多了，善财的生活更加丰富多彩。加上善财早在幼儿园就已经开始慢慢识字了，所以看的书也多了起来，懂的也越来越多。

善财八岁生日那天，和爸爸牛魔王来到卧佛山庄，这里古木参天，气氛祥和。忽然，财神出现在他们面前，这是一个面似锅底、极其威武的男人。

当他自报家门时，善财大吃一惊，转念一想：“也许只有长得这么威严才能镇住钱财吧。”财神是按观音菩萨的吩咐来人间寻找那些有各种天赋的小孩的。财神领善财进入一个古朴素雅的房间，房间里已经坐着四个和善财差不多大的小孩。

第一位是唐企僧，十岁，性格沉稳，来自富足界。祖上是研发延年益寿的丹药的，父亲是知名企业家唐长生，他着力培养唐企僧稳重坚毅的性格，教他企业管理之道，将来好继承自己的伟大事业。

第二位是孙智圣，九岁，高智商，来自小康界。据说他是花果山另一块神石所化生，在神石里孕育了500年，吸天地之精华，夺日月之神韵。他喜欢吃各种桃子。每天除了在桃树上嬉戏玩耍，就是发呆思考，有时甚至呆呆地坐一整夜。

第三位是猪情戒，八岁，高情商，来自小康界。她是个萌萌的、爱美的小女生，绰号“小香主”，但大家私下里都叫她“小香猪”。猪情戒是猪八戒在高老庄的第38代后人，父亲早逝，由母亲一人抚养长大。一次机缘巧合，猪情戒被星探发现，在《少年哪吒》里女扮男装扮演哪吒，一炮走红，成为热门的童星。

最后一位是龙命子，九岁，天生好命，来自财富界，是京城富豪龙宫集团董事长的孙子。龙命子从小喜欢玩乐高游戏，很早就学会计算机编程，已经能开发一些简单的游戏软件了。

财神让他们相互认识后，先给他们讲了美国一个中彩者的真实故事。

2002年，一个美国人买彩票，中了高达3.15亿美元的大奖，那可是当时美国6 000个家庭一年的总收入呀。但他倒好，不到四年就糟蹋完了，不外乎花天酒地、大肆赌博和被各色人等坑蒙拐骗。当然小偷也帮了点忙，从他车里偷走了545万美元。他曾懊悔地说："我现在糟透了，真希望从没买过这张彩票。"而事实上，1/3的彩票超级大奖获得者都在中奖后的5年内宣布破产。

"这个事实告诉我们，即使暂时'发大财'了，但只要不善'理财'或者无法控制不合理的欲望，很有可能就会'破财'。钱来得快去得也快，是有其必然原因的。对于不懂理财的普通人来说，拿到巨款后往往或铺张浪费，或盲目投资，或被行骗高手骗走。此外，中奖的压力有时还会让人患上抑郁症和神经病，因为来借钱的亲朋好友多了，他们认为'反正你这钱是凭空得来的，不借白不借'。

"金钱不是万能的，但没钱也是万万不能的。本质上，金钱只是没有生命的东西，对金钱的贪婪才是万恶的根源。记住，金钱只是仆人，是为个人和社会服务的，而不是我们的主人，来奴役我们，给我们带来痛苦的。"

一番告诫后，财神对着五个天真烂漫的小朋友开始布置任务了。

"你们各自出生在不同的境界，但都面临一个共同的任务，就是要升级到最顶层的财富界。其中，善财面临的任务最艰巨，需要从贫困界一直爬升到财富界。而龙命子本来就在财富界，但可别忘了，财富可是翻云覆雨、变化无常的，你可保证不了一辈子都在财富界。常言道，富不过三代，你这已经是第三代了。因此，你额外的任务就是要学会如何保存好财富，因为只要一场危机就足以让巨大的财富灰飞烟灭。"财神的这番话听得龙命子心惊肉跳。

"总之，我希望大家能真正成为财富自由、身心自由，还能为社会做出贡献的人，而不是只会追求金钱的寄生虫和自私鬼。

“此外，大家还需要去思考如何跑赢通货膨胀。简单说，就是你们财富的增长速度要高于物价上涨的速度。这是一个永恒的话题。”

这些任务可真不算轻松。五个小伙伴心里都泛起了嘀咕：自己一没信心，二不具备专业的理财知识，可怎么办呢？

财神对他们的这些担心自然是心知肚明：“要想在财富山不断进阶，不是容易的事。伟大的物理学家爱因斯坦曾说‘每个人都是天才，但如果你用爬树能力来判断一条鱼有多少才干，它终其一生都会相信自己愚蠢不堪’。因此，你们需要找到自己独特的优势和竞争力，并很好地发挥出来。”

说到这儿，财神顿了顿，接着说：“攀登财富山，也不是只有凭借财商去挣钱一条道，还要依靠智商、情商、企商和命商等。简单说，‘智商’高就是聪明、高智力；‘情商’高就是会说话，能和别人处理好关系；‘财商’高就是有挣钱理财的头脑；至于‘企商’高，就是一个人能发现机会，组织各种资源、去提供某种产品和服务的能力强，换句话说，就是有成为一个好的企业家的能力；而‘命商’，说白了就是一个人的命好不好。投资大师巴菲特把出身好的人比喻为中了‘卵巢彩票’，还真是很贴切。”

此外，财神还单独交给善财一个任务——寻找财神的十二个弟子，并学会投资其掌管的某一个具体的理财品种。这十二个弟子是十二生肖的化身，都曾在《西游记》中出现过。当初如来佛祖为在人间广泛传播投资理财观念时，命财神收他们为徒，他们学成之后一起下到人间，分别负责如何提升自己，如何合理消费，如何投资储蓄型产品、债券、保险、股票、基金信托、期货期权、房地产、外汇、收藏品、实业等。

善财点头领命，大家都深感责任重大，气氛一片凝重。

为了缓和气氛，财神又给大家讲起了故事。

有两个年轻人，分别叫行如风和总思考。他们一同搭船到异国闯天下。看着豪华游艇从面前缓缓而过，二人都非常羡慕。行如风对总思考说：“如果有一天我也能拥有这么一艘游艇，那该有多好！”总思考点头表示同意。

二人下了码头，恰好是午饭时间，他们都觉得肚子有些饿了。二人四处看了看，发现一个快餐车旁围了好多人，生意似乎不错。行如风对总思考说：“我们不如也来做快餐生意吧!”总思考说：“这主意似乎不错，可是你看旁边的咖啡厅生意也很好，不如再看看吧!”二人没有统一意见，于是就此各奔东西了。

握手道别后，行如风马上选择了一个不错的地点，投入所有的钱做快餐。他不断努力，经过八年的用心经营，已经拥有了多家快餐连锁店，积累了一大笔钱后，他为自己买了一艘游艇，实现了梦想。

这一天，行如风正要驾着游艇出去游玩，看到一个衣衫褴褛的男子从远处走过来，那人就是当年与他一起闯天下的总思考。行如风兴奋地问总思考：“这八年你都在做些什么?”总思考回答：“八年间，我走遍了世界各地，但每时每刻都在想‘我到底该做什么呢’。”

听完这个故事，大家都笑了起来。

“这个故事告诉我们，有了目标，一定要及时行动，否则就会错失良机。未来是无法准确预测的，人生也没有什么是一步到位的，真正美好的人生都是一步一步走出来的。”财神的目光在五个小伙伴的身上转了一圈，接着说道，“你们要尝试做一些别人做不了的事情，也要懂得不断挑战自己，突破自己的局限。”

大家的笑容慢慢消失，若有所思。

“你们每个人都担负着进阶到财富界的任务。任务明确了，现在就要行动。你们的一举一动我都会看在眼里的。适当的时候，我会给你们提供及时的指导和帮助。要知道，你们不是一个人在战斗。希望你们一切顺利，再见！”说完，财神就不见了。

五个小伙伴依依惜别。接下来，他们各自的征程就要开始了。

第三章

财灵的出现

回到家第三天的傍晚，善财正在做作业，突然从存钱罐里跳出了一个小孩，若隐若现地悬立在善财面前不到半米，吓了善财一跳。这个古朴的小罐是牛魔王在拆迁的工地上干活时捡回来的。没想到善财一见就喜欢上了，天天没事就摩挲着玩。

小孩说："主人，别紧张，我是这个聚宝盆的财灵，多亏了你天天把玩它，给我注入了灵气。我已经孤独地沉睡了快200年了，幸亏你爸爸把我带到你身边。这个聚宝盆可是大有来头的，且听我慢慢道来。"

意外得了这么一个宝贝，善财自是喜不自胜，睁大了眼睛，竖起了耳朵。财灵说："这个聚宝盆最初是由战国时期的范蠡[①]制作而成的。《列

① 自号陶朱公，后人尊其为文财神。曾辅佐越王勾践兴越国、灭吴国，功成名就之后急流勇退。期间三次经商成巨富，又三散家财。

仙传》里记载：陶朱公晚年大彻大悟，将毕生心血与感悟，凝炼于一方至宝之中，取名‘聚宝天下’。聚宝盆炼成之日，流光溢彩，直冲霄汉。次日，陶朱公最后一次散尽百万家财，怀其重宝升仙而去。后来不知什么原因，‘聚宝天下’又出现在人间，随后的几任主人都是历史上的超级富豪。我在战国的吕不韦身边待过，最近的两任主人分别是沈万三和胡雪岩。”

善财在课外书中读到过范蠡的故事，于是说道：“传说范蠡帮助勾践灭掉吴国，功成名就之后退隐江湖。后来三次经商成为巨富，但又三散家财。后代许多生意人都供奉他的塑像，称其为文财神。至于吕不韦，我记得他好像是战国时的一个著名商人。而沈万三和胡雪岩，我就不太知道了。”

财灵屈腿一跳，跳到了善财的书桌上，给善财介绍了沈万三和胡雪岩传奇而又令人叹息的经历：“沈万三是元末明初的江苏富商，早期通过开展国内外贸易积累了巨大财富。周庄就是因为有了沈万三，才成为江南著名的古镇，直到今天游客还络绎不绝。后来明初第一位皇帝朱元璋定都南京，沈万三帮他修筑了三分之一的都城。传说沈万三有一只聚宝盆，不管将什么东西放在盆内，都能变成珍宝。”

说到这里，财灵用小手指了指旁边的聚宝盆，说：“这就是传说中的那个聚宝盆，但它可真没有变废为宝的本事。可惜沈万三的结局不好，因财富太多而为朱元璋所忌惮，被发配到云南充军，后来老死在那里。去云南之前，他伤心地对我说：‘你给了我巨额财富，而巨额的财富又把我害成这样，我还真不如做个普通人平平安安地度过一生呀。’最后，他一边流泪一边把我封存在他房子的密道里。

“过了几百年，密道塌了。不知怎么回事，聚宝盆就到了胡雪岩手里。胡雪岩是清朝末年人，1823年出生，12岁那年父亲病逝，正是在那一年，胡雪岩拿到了聚宝盆。在短短的几十年里，他由一个钱庄的伙计摇身几变，成为闻名于朝野的红顶商人。他左手为政府出力，采购军火、机器，筹措外资贷款等；右手和老百姓做生意，如开办钱庄、当铺、药局等。后来，胡雪岩却在中外商人参与的蚕丝贸易大战中破产，同时又遭到政府落井下石，被查办，最后在贫恨交加中郁郁而终。

“胡雪岩平时一直很珍惜聚宝盆的，但有一次他在战争中遇上险情，紧急逃难，来不及带走聚宝盆，聚宝盆就被遗弃在被炮火击垮的墙体里了。后来他还回去找过，可却怎么也没有找着。缘尽了，自然就分手了。也就是从那时开始，胡雪岩的财运就越来越差了，最后在一场商战中孤注一掷却大败。”

说到这儿，财灵也若有所思，抬起眼，深情地看着善财，再次感谢道：“真是多亏了你们父子俩，我和聚宝盆才得以重见天日，该好好谢谢你们呀。”

这么一个神奇的聚宝盆到了自己手中，善财真是喜出望外，心想：“看来真是老天助我，有财灵相助指点，我就更有信心去完成财神交代的任务了。”但随即善财又平静下来，过了一会儿甚至有些不安，因为聚宝盆有几任主人的结局连个普通人都比不上呀。

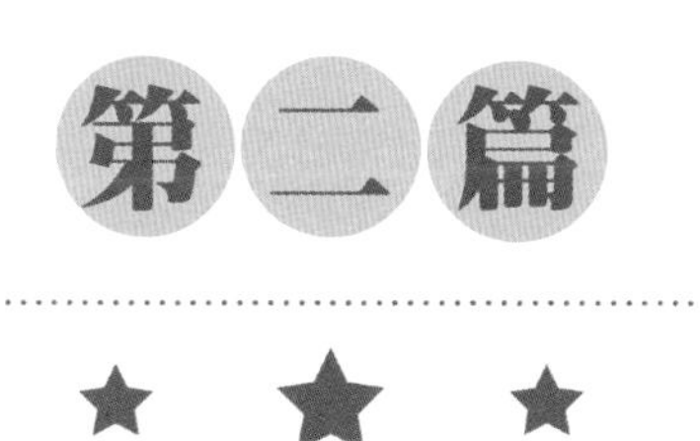

第二篇

金钱王国探秘之旅

第四章

钱的前世今生

两天后，按照财灵的指示，善财用聚宝盆联系上了另外四个小伙伴。这几天，聚宝盆的外形突然发生了变化，像极了一个带移动通信功能的iPad。善财想：“它可真会与时俱进呀。”

五个小伙伴来到龙命子的豪华别墅里，那里有一间存放了许多金银财宝和珍藏品的神秘房间。进入其中，财灵让唐企僧锁好房门，并拉好窗帘，房间里顿时变得阴暗起来。聚宝盆被放在桌上，财灵依旧站在半空中，清了清嗓子，说：“今天我们选定了这么一个安静的、充满财气的地方，目的就是完成对金钱王国的探秘之旅。”接着，财灵用手一挥，五个小伙伴都变成了和她一样大小。接着，在他们面前出现了一条“金光大道”。财灵介绍说：“这是一条奇特的道路，每一段用不同的东西铺就而成，每一段人类都用了短则几十年、长则几万年的时间才走完。当然，我会用魔法带领大家快速走完的，大家要注意道路两边的场景，待会儿还有神秘嘉宾出场呢。”

一开始，是一段由牛羊、谷物、石具等实物铺成的路。大家脚踏其上，感觉时软时硬、高低不平。路的两旁有一些披着兽皮的原始人在交换东西。这是原始社会，人们靠采集狩猎为生，因为没有多余的东西，交换范围也不大，你用一只羊换我的一把斧头，我用一头牛换你的一堆盐，这个时候不需要货币，也自然没有钱这种东西。

接着，大伙儿走到下一段由各种贝壳和精美石头铺成的路上。两旁是距今约一万年前的场景了。男人们在外狩猎，女人们在家照顾小孩和种植农作物。后来，随着剩余的物品多了起来，专门买卖商品的商人出现了。在手工业者和商人活动的集中地，逐渐形成了城市，城乡分工出现了。分工后，人尽其才，物尽其用，生产效率显著提高，物品更多了，这又加速了物品的买卖和交换。分工还使得一部分人完全摆脱了体力劳动，成为官员、工场主和艺术家等，并最终形成了脑力劳动和体力劳动的分工。交易买卖方式也有了升级变化。此前的以物换物很麻烦，有可能你的牛我不需要，我需要一把斧头，这样还得另外找需要交换牛或斧头的人。此外，即使好不容易找着了，但到底一头牛能换几把斧头呢？这也不好统一。后来，人们找到了贝壳等稀有、轻便的物品，大家都能接受，用着方便，还能给不同的商品计价，比如买一只羊需要10个贝壳，一头牛需要12个。

这时，突然冒出来一位生有双瞳、四只眼睛的老人，和他们一起走在路

上。财灵介绍说是造字圣人仓颉[1]，原来他就是神秘嘉宾。

亲眼见到这位圣人，几个小伙伴都鼓起掌来。仓颉老先生朝大家摆了摆手，朗声说道：“大家能列举一些贝字旁的字吗？”

大家七嘴八舌地说出了财、货、赚、赔、贵、贱、购、赊、赏、赐、贿、赂、贩、贷、赢、赁、赈、贫、贪……仓颉打断大家：“你们有没有发现，这些字的含义基本都和‘钱’有关。比如‘财’字，表示有‘才’才能有‘贝’，才能有财呢。当然，除了贝字旁，还有带‘玉’字的字比如宝、珏、钰等，但钱味可就淡多了。”

这时，大家已经到了第三段路了，这段路基本都是用金银铺就而成的。两旁的场景到了距今三四千年前了。用金、银、铜做成的金属货币出现了，它们具有易分割、易保存等优点。随着一个个交换场景从眼前闪过，小伙伴们发现了各种各样的货币形状，有戈形币、鱼形币、桥形币、刀形币等。但到秦代以后，钱币就固定为外圆内方了。

仓颉接着说道：“大家看‘钱’的繁体字‘錢’，由‘金’和双‘戈’组成。这是不是说，钱是通过拿着双戈挣来的，说明钱来之不易呀？”

顺着这个思路，仓颉给大家布置了一个任务——分别说出“幸福”“富裕”“贫穷”几个词语的结构和意义，并给大家讲解。

---

① 黄帝时期造字的左史官，受星宿运行和鸟兽足迹等启发，分类别加以搜集、整理和使用，创造了汉字，革除了当时结绳记事之陋，开创了文明之基，被尊为“造字圣人”。

第一个是唐企僧的拆解——“幸福”分开来看，“幸”字有土有“￥”（钱的符号）；“福”左边的“礻”即“示”，右边是“一口田”。合起来，就是表示有钱花，有田种粮食吃，这自然就很幸福了。

“这解释也不能算错呢。当然，造字的时候‘福’字右边其实是‘畐’，表示一个长脖子的酒坛。当坛子里装满了酒时，人们心里怎么会不充满富足感和对未来美好生活的憧憬呢？”仓颉点评道。

第二个是孙智圣的拆解——“福”字可运用得太广了，过年时我们还会贴倒福呢。“福”字有时还会出现在家具、布匹、瓷器上。此外，人们常会看到五只蝙蝠在一起的图画，它表示“五福临门”，因为福、蝠二字发音完全相同。

接着，善财按照这种方法，也对“富裕”二字进行了拆解——“富”字，就是“宀”（房子）里有一口酒坛子。以前普通人连饭都吃不饱的情况下，这家人还能有酒喝，说明很富裕。而“裕”字，就是有衣穿、有谷吃，日子也很美满了。

随后，猪情戒分析了“贫穷”——“贫”拆开就是“分钱”，钱本来是喜欢扎堆的，把它们分开，人就变穷了；“穷”字表示在家里出卖苦力的人。

这时，唐企僧又插话：“可以把‘穷’再拆分为‘宀、八、力’，就是在一个固定地方干八个小时苦力的人，这样的人怎么可能不穷呢？”大家一听，想起上班族，都会心地笑了。

见大家都完成了任务，仓颉说：“大家都很聪明，反应也快，给你们点个大大的赞。我年纪大了，有些累了，先行告退，有缘再会吧。”话音刚落就隐身而退了。小伙伴恋恋不舍，都想：“要是我们的语文课都由仓颉老先生来讲，该有多好呀。”

随后，财灵继续领着大家一路往前走。金银之路开始变窄，但还一直往前延伸着。同时开始出现用纸铺就的路，这就到了距今1 000年左右的宋朝，纸币开始出现了。纸币制作成本低，容易保管、携带和运输，于是日益盛行。纸币本身是没有价值的，但因为有了国家信用和强制力做后盾，持有它的人相信用它能够随时买到商品。至于国家发行多少钞票、如何发行，一般情况下是由经济发展水平以及黄金等储备来决定的。否则钞票发行多了，可能导致金融危机和社会危机的出现，甚至政权都可能会垮掉。反过来，一旦国家灭亡了，它发行的纸币也可能变成废纸。进入全球化时代，各国之间进行产品和价值交换的行为更多、更频繁了。经济规模的扩张已远远超出了新增的黄金产量，货币就再也无法以黄金储备为后盾了。因此，慢慢地，一个或几个国家以实力和信用作为基石来发行货币，并作为全球或区域通用的货币，就是一种必然趋势了。美元和欧元的流通就是一个典型的例子。但是，金银毕竟还是财富的象征，每个国家都会尽量自己存储一些黄金，以备不时之需。

进入下一段路，小伙伴们发现道路的两侧还有一些纸币，而中间变成了空的。大家都很好奇，这是怎么回事呢？财灵告诉大家，进入互联网时代，货币变得更加电子化、信息化和网络化了。人们在手机上指指点点，就可以支付餐费、打车、购物……这实际上就是在运用电子货币了。

正说着，已走到了路的尽头。隔着一段虚空，小伙伴们看见远处有一扇大门，门上的“金钱王国”招牌在阳光下闪闪发亮。怎么过去呢？

这时，财灵拿出了几张银行卡，往空中一划，一道金光慢慢由虚变实，在他们和大门之间架起了一座金色大桥。大家依次拾级而上，款款而行，走向金钱王国。

第五章

挣钱之道开启王国大门

几分钟后，大家来到了大门口，却见大门紧闭。门口坐了一位慈祥的白发老人。财灵满脸欢笑，早就飘上前去。原来这就是聚宝盆的制作者——文财神范蠡，正是财灵的第一任主人。

只听范蠡说："要让金钱王国的大门打开，你们每个人都需要找到一种挣钱之道，并从我身上挣到钱。"

小伙伴们都没想到这么快就来了一个考验，看来得动脑筋想想办法了。

孙智圣脑子一贯转得快，他赶紧跑到范蠡面前，说："范老先生，您看，这大门周围的地都有些脏了，我来打扫打扫。"说着，他直接从旁边的树上摘了些枝条，做成了一把扫帚，卖力清扫起来。十分钟后，孙智圣打扫完毕，地面干净多了。

"不错，小伙子真勤快，尽管是体力活，但好歹是一种挣钱之道。给你100元吧。"范蠡说道。

孙智圣显然有些不满意："我这不是时间有限吗？如果给我多一点时间，我可以试着发明出一个扫地机器人，这样速度就快多了，我还可以申请专利卖给生产厂家，也可以挣钱呢。"

范蠡果然很认可孙智圣的想法："不错，你能想着去发明一个扫地机器人，还能想着去申请专利挣钱，我给你2 000元。"

猪情戒是个小童星，唱歌跳舞的水平自然是一流的。她款款向前，给范蠡载歌载舞表演了一段。看着猪情戒美妙的表演，范蠡沉醉其中，望向远方，大概想起了当年和他一起泛舟西湖的美人西施。10分钟后，表演结束了，范蠡的眼睛已经有些湿润了，他说："谢谢你，小朋友，你的表演非常棒，也投入了感情。这是1 000元钱，你拿去吧。"

龙命子走近范蠡，说："我对挣钱不感兴趣，但是我乐高游戏玩得特别好，我还写过一些简单的游戏软件代码呢。我想以后可以开发一款理财游戏软件，对小孩子进行理财教育。"

范蠡说："这主意不错，现在的孩子缺乏理财意识和能力，他们确实太需要理财教育了。我支持你，给你2 000元。"

唐企僧的父亲本就是一个企业家，因此唐企僧从小就对挣钱之道耳濡目染。他说："刚才财灵带我们了解了钱的前世今生，我们非常感兴趣，也很有收获，我相信别的小朋友们也会非常感兴趣的。如果我把这包装成为一项体验活动，邀请仓颉大师和您作为讲解人，向学生和家长推广，应该会有市场的。此外，我还可以把它录制下来放到网上去，也应该能推销给更多家长和孩子。当然，我们也会给您和财灵相应的报酬。"

"这个主意不错，能懂得把这包装成一项商业项目来运作挣钱。如果最后能经营下来并挣到钱，这是需要一定经营素质的。这有5 000元给你。"范蠡对唐企僧的想法很肯定。

最后就剩下善财了。善财说："现在你们四人都拿到钱了，拿着也没有额外的收入，不如交给我保管吧，我帮你们投资，如果挣钱了，我就只分收益的20%当作辛苦费，亏钱了就不收钱了。当然，如果你们不想担风险，我也可以每月付你们0.5%的利息。"大家合计了一下，还是不错的，都有些心动了。

范蠡看到这一幕，不待善财开口，就说道："不错，善财果真有理财意识，在我眼皮底下做起基金经理来了。不过，你拿这些钱干吗去呢？可别做亏钱的买卖哟！"

善财答道："我可以把这些钱带着进入金钱王国，我相信那里投资机会多多。我可以趁金融危机时买一些被低估的资产；当然也可以放贷给那些需要用钱的人，并收取更高一些的利息。"

范蠡听后说："尽管会面临一定的风险，应该也还是可行的，也确实能让金钱充分发挥它的作用。我同样给你5 000元。"

这一关五个小伙伴就算顺利过去了。之后，大家把钱汇总，统一交给了善财去投资增值。就这样，善财成了掌管1.5万元的小基金经理。

随后，范蠡按下手里的开关，金钱王国的大门吱呀一声打开了。大家正准备步入其中，却被范蠡拦住了，他最后叮嘱道："挣钱之道千万条，但你们一定要去尽力发现自己真正喜欢的事情，并围绕它来提升自己的能力，慢慢地你们就能脱颖而出，钱就自然而然来了，钱应该是自己实现目标的附带品。最后，祝你们金钱王国之旅愉快并有收获。"

第六章

拯救兔子王国

金钱王国的大门打开了，大家鱼贯而入，却惊奇地发现这其实是一个兔子王国，生活着一亿多只不同品种和毛色的兔子。一个月前，它们刚刚结束了和邻国鼹鼠王国持续了三年的大战，双方死伤无数。一周前，战败的兔子王国屈辱地签订了在一年内向鼹鼠王国赔款1万亿元兔币的停战协议。惨上加惨的是，大战之后必有灾年，兔子王国还真遭受了百年不遇的旱灾。各地一派干枯景象，河流水位很低，万物萧疏，植被稀稀拉拉，很显荒凉。战败加上旱灾，使得兔子王国兔心涣散，一片死气沉沉。

财灵给每个人配发了一副神奇的"金钱镜"，戴上它可以看见社会各行各业资金流动的情况。五个小伙伴看见各行业之间的金钱主流水位很低，而很多细支流都已经干涸了。很明显，王国经济下滑得很厉害，许多工厂减产甚至破产了，很多兔子失去了工作。大家没钱还房贷，也没钱消费了，餐馆、商场门可罗雀，物价不断下跌；很多楼房盖到一半都没钱继续盖下去了，只好任其停工；房产、股票等各种资产价格也在不断下跌；政府的税收收入也大幅下降，甚至交通要道上的路灯都没钱点亮了。

形势很严峻，如果再不采取措施，不给社会注入大量资金、兴修工程，后果就会更加不堪设想。

财灵给大家解释道，非常时期当有非常举措。同时，整体经济、各行业和企业本身一般都有周期，会经历衰退—复苏—高峰—萧条几个阶段，如春夏秋冬般循环往复。为此，很多国家为了尽量减少各种天灾人祸和周期起伏的不良后果，往往会采取一些宏观调控措施，如通过调节货币量多少、增减基础设施建设等来促使经济平稳运行。在这个过程中，就会出现相应的投资机会。

这时，财灵偷偷地吩咐善财，可以用五个小伙伴汇集的1.5万元去买房地产行业的龙头——牛房公司的股份。因为每次银根放松、流动性增加和经济提振之后，房地产股票都会很快受益。而由于战败和天灾导致经济萧条，房地产股价大跌，目前正是抄底的好时机。善财欣然照办，毕竟1.5万元放在自己手里，还得想办法增值呢。

第一节　战败后央行启动了全部印钞机

半个月后，兔子王国的新总理上台，随即组建了新内阁，接着王国的中央银行果真宣布要大印钞票“放水”。按照财灵的提示，大家戴着“金钱镜”往高处看，只见不远处兔子王国的中央银行大楼上空高达上千米处有一个巨大的资金池，底下有几根巨大的管道连通着社会的各行各业。财灵给大家介绍说，那是中央银行用来造“钱水”、调节“钱水”用的。当发现经济形势不好，资金流可能减弱甚至干涸时，就开闸放“钱”，以免影响企业和经济的发展。相反，如果发现“水势”有泛滥成灾之势，就得准备关“水”断流，以免水漫金山、造成物价飞涨。

“原来这就是所谓的‘印钞机’呀。”孙智圣说，“要是我有一台印钞机该多好哇，天天在家印钱，想吃什么想买什么，直接开印就是啦。”

财灵说："别做美梦了，只有中央银行才有资格发行货币。但它也不是随意想印多少就印多少，而需要锚定某样东西，比如美元当初取代英镑的很大一个原因就是它和黄金挂钩，可以按比例换成黄金；后来因为种种原因，美元又在1971年宣布和黄金脱钩，转而让全世界的石油交换都用美元来结算，从而制造了全世界的美元需求，并一直延续到今天。此外，钱印出来了，还得通过商业银行等一些特定的渠道才能流到社会上各行各业的资金河流中去呢！"

"那就请你给我们讲讲呗。"善财恳请道。

于是，财灵展开了一张名为"兔子王国央行造水"的图（见图6–1），将央行的三条"造水渠"给大家娓娓道来。

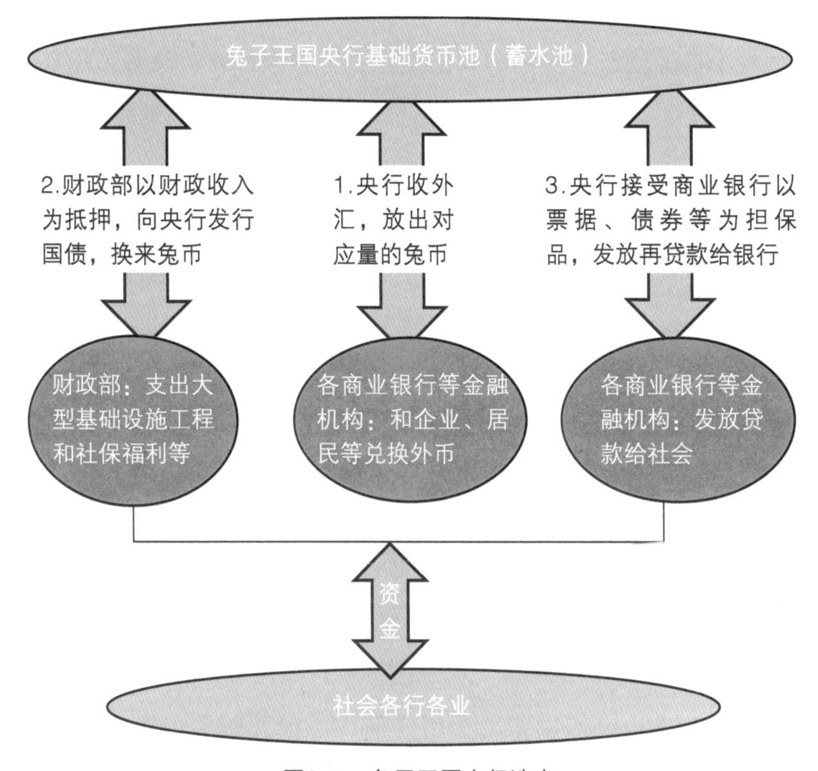

图6–1　兔子王国央行造水

第一条造水渠是基于新收外汇，对应发行新的等值兔币。兔子王国主要生产兔毛类产品并出口美国。各企业通过出口挣回了大量外汇，到商业银行把这些外汇换成等价的兔币；商业银行再把这些外汇向央行兑换成等价的兔币，而央行的这些兔币基本就是靠开动印钞机印出来的。由此，经过这一系列流程的兑换，最后市场上新增了很多兔币，这就叫外汇占款。这是兔子王国很长一段时间里主要的基础货币投放渠道，多的时候占80%以上。因此，在本质上，兔币是以美元作为发行的锚，因此非常容易受美元的影响。

这种方式的缺点在于容易造成物价上涨。当出口增长快时，国家挣的外汇多，自然市面上的兔币就多了。但因为一部分商品已经出口到国外去了，所以留在国内的商品总量减少了，而对应的兔币总量却没有减少，因此更多的钱对应更少的商品，自然容易造成物价上涨，甚至出现恶性的通货膨胀。而央行从各个商业银行等汇集的外汇就构成了国家的外汇储备，投资到国际资本市场上，比如买美债，同时这也是维护兔币汇率稳定的重要武器。

第二条造水渠是以税收等作抵押来发行国债。国家需要建设一些重大项目或者有大笔支出（比如发放居民养老金等），但没钱，怎么办？国家就以未来几年的税收做担保抵押，专门对央行发行国债。央行于是开动印钞机印出相应数量的兔币，用来购买国债。国家拿到这些新印的兔币后，再通过政府项目投资或消费方式将它们流通到社会上去。

第三条造水渠是商业银行以票据、债券等作抵押向央行再贷款。商业银行因业务发展，需要扩大对外贷款，但有时自己又无钱可贷，便以商业票据、债券或其他资产等进行抵押，向央行申请贷款，从央行那儿获得相应的兔币，然后再通过发放企业贷款等方式流通到市面上。因此，央行可以通过不定时地调整不同资产的抵押品范围权限和抵押率高低来控制再贷款总量。

可以看出，央行在印刷新的兔币之前，一般要购买或获得相对应的资产，比如外汇储备、国债和商业票据等。央行购买的资产越多，就能发行出越多的基础货币。当然，在极端情况下，政府也会强行无中生有地大印货币，但这就属于公然掠夺民间财富的行为了。

当然，特定时期，央行等还会基于特殊的政府大项目来对应新发货币，比如唐人国就曾针对棚改项目发行了巨量的基础货币。

因为天灾人祸同时来临，社会上急缺资金，因此兔子王国央行这一次疯狂开动全部的印钞机，一天24小时连轴转，连印了2个月，最终新印了3万亿元兔币，并很快通过各个渠道流到市面上去了。同时，政府也宣布开工许多道路、桥梁和水库等基础设施建设，一方面增加了就业，另一方面也拉动了内需；此外，政府还给机关和事业单位职员等普遍涨工资，让大家更有钱去消费。这样三管齐下，效果很明显。初始，各行各业都是久旱逢甘霖，开始了正常运转，社会活力也大大增加。

第二节　兔子王国陷入了通货膨胀

但很快，大家就感觉到不妙了。一天，财灵一行人进了一个热闹非凡、人声鼎沸的商场，看见几个员工在给很多商品换价格标签，普遍加价20%以上。一个花白胡子的老大爷边看价签边摇着头说："菜价也涨了，衣服价格也涨了，水电费也涨了，什么都比工资涨得快，可叫老百姓怎么活呀？"善财见他头戴一顶有"π"标志的帽子，走近一问，原来就是数学家祖冲之[①]。

祖冲之说："现在的物价涨得可真快，据上次调价还不到三个月呢，这就又涨了。半年不到，很多东西就已经涨了50%了，真是可怕。估计过一阵子还得更高呢，现在能买一头牛的钱说不定到时只能买一只鸡了。"

善财说："是呀。我爸和我说过他第一次和我妈约会的事。那一天，包括坐公交、在饭店吃四菜一汤、看电影，两人一共才花了6元钱。换成现在，怎

① 我国著名数学家，算出的圆周率为3.1415926<π<3.1415927，是当时世界上最精确的了。

么着也得500元以上了。我爸还说，尽管钱花得不多，但好在我妈不挑理，她就看中我爸高大威猛、憨厚老实，要不然哪有今天的我呀？”善财半自豪半打趣地说道，“不过话又说回来，大家的收入也涨了很多倍呀。不过那时我们买不起一平方米400元的房子，现在我们还是买不起房子，因为一平方米的价格已经到了8 000元了。原来5万元可以买一套不错的房子，可现在也就只能买个厕所了。我们还是只能住在租来的破屋里。”说完，善财一脸惆怅，房子是他家一直以来的痛呀。

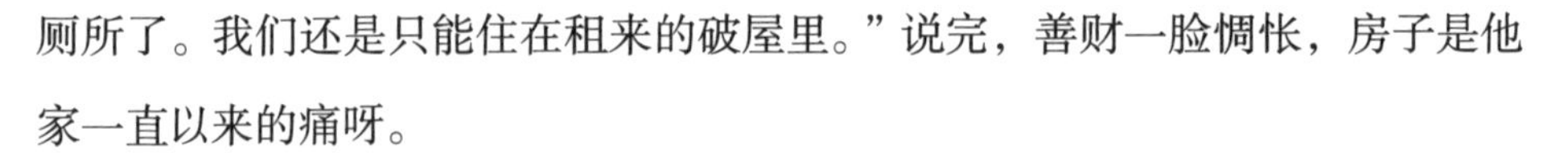

祖冲之接着说道：“是呀，东西是一样的，卖的地点也一样，但时间不一样，价钱可就相差大了去了。通货膨胀的后果就是钱越来越不值钱。它就像一个贼，把我们的钱偷跑了，我们还不知道呢。”说到贼，大家脑海里马上浮现出一个蹑手蹑脚的小偷的形象，偷偷地把钱夹在腋下从大门跑掉了。

“那么，到底是什么原因使得物价大涨，从而产生通货膨胀呢？”唐企僧较真地问道。

祖冲之答：“如果一国货币的数量是和国家整体的商品总量相适应的，那么价格就会比较平稳。假设只有10张桌子在市场上流通，而市场上有100元流通，则每张桌子的价格为10元。但假如桌子数量不变，市场上流通的钱变成了200元，则20元才能买一张桌子，钱就贬值了，造成通货膨胀。而如果市场上的钱变成了50元，桌子数量不变的话，则每张桌子的价格就是5元，这就是通货紧缩，钱就更加值钱。”

接着，为了让大家对通货膨胀有一个直观感受，祖冲之给大家出了一道填空题，孙智圣很快就算出了答案：

即便是温和通货膨胀，长期效应也非常可怕。假如通货膨胀率保持在5%，30年后100元就贬值到23.13元，60年之后就贬值到5.35元。如果考虑到严重通货膨胀，按照年平均7%的通货膨胀率计算，30年后100元贬值到13.14元，60年后贬值到1.73元。

大家对这个结果很是吃惊，真想不到，即使每年贬值不多，但横跨人的一生之后，钱贬值的幅度会如此之大。但再想想刚才牛魔王和铁扇公主约会的故事，大家又都释然了。

而回过头看看现在的兔子王国，几个月物价就涨了50%了，且还有止不住的势头，兔子们都怨声载道。祖冲之也在给大家出完题后又赶紧去商场抢购东西了，口中还一直嘟囔着："物价涨这么快，可让人怎么活呀？"

第三节　原来是新政府耍的阴谋

这时，善财接着问财灵："物价飞涨让老百姓怨声载道，可兔子王国政府为什么要这么干呢？政府就不能控制货币发行，以保持物价稳定吗？"

这次财灵没有回答，而是给大家读了一篇媒体报道——鼹鼠王国从兔子王国拿到1万亿元兔币后，就快速加入了兔子王国的购买大军，这更加刺激了物价飞涨，反过来进一步造成了兔币急速贬值。大家都想："物价飞涨，如果不赶紧买一些实物商品，以后钱不断贬值，能买的东西就越来越少了。"于是，大家纷纷把银行存款提出来疯狂购物。因此，物价更是大涨不停。

财灵补充说："这还不算太荒唐，其他国家还发生过更严重、更荒唐的情况呢。如海湾战争之后的伊拉克，在一段时间内，买东西用纸币不是一张张计数，而是用磅秤称。非洲国家津巴布韦则更是荒谬绝伦。2001年时，100津元可以兑换1美元，到2009年1 000亿津元只能买到3个鸡蛋，贬值了10亿倍都不止呀！”

“难道是政府有意这么干的？”唐企僧惊讶地问道。

财灵回答：“是呀，这其实就是兔子王国政府的一个阴谋。兔子王国战败了，需要偿还巨额战争赔款。反正只要把这些钞票给鼹鼠王国就行了，不就是一些纸吗，多多地印就行了，反正又不用真给实实在在的商品。此外，战后的政府也可借此机会巧取豪夺民众的财产，重新进行财富转移和阶层划分，这又会进一步扩大社会贫富差距。”

龙命子问道：“为什么说通货膨胀会进一步扩大社会贫富差距呢？”

财灵回答：“大体来说，通货膨胀对弱势群体和中低收入者的危害更大，因为他们拥有的资产较少，即使有，也多半是银行存款等低风险的金融产品。许多退休的人，原以为可以让他们维持生活20年的储蓄由于物价上涨，四五年就被花光了。而富人可以投资于房地产等较好地规避通货膨胀风险的资产，同时还会借债投资。比如，现在借了100万元买套房子，三年之后由于通货膨胀，房子可能就涨到了200万元，但三年后富人只需要还100万元的本金和远远低于100万元的利息。贫者越贫，富者越富，社会贫富差距可不就越大了吗？”

第四节　基础货币是如何不断衍生货币量的

这时，善财又有疑问了：“之前我们看到央行只新印了3万亿元的兔币，但社会新增货币量却达到10万亿元兔币了，多了2倍不止呢。新印钞票和新增货币量不是一回事吗？”

财灵回答道："你这个问题问到点子上了，它俩真不是一回事。新印钞票或者说新增基础货币，有一个神奇的功能，就是每经过商业银行一圈，就能衍生新的货币量，这些不断新增的货币量其实就构成了社会的新增货币量。"接着，财灵详细讲解了起来。

假设央行向社会投放了100元基础货币，为某人（假设为A）所得，他往银行里存了这100元。按规定，银行要先将其中的20%（名为存款准备金率，可变动）即20元作为风险准备金上交给央行（目的是防范客户挤兑风险等），之后再将其中的80元放贷给B。如果B把贷来的80元又全部存入银行，在扣除16元准备金后，银行再将其中的64元贷给C，C又把64元存入银行，银行再向D贷出51.2元……过程如表6-1所示。

表6-1　基础货币和衍生货币

（单位：元）

	存款金额	准备金	贷款金额（存款的80%）	货币供应总额
A（第一个人）	100.00	20.00	80.00	100.00
B（第二个人）	80.00	16.00	64.00	180.00
C（第三个人）	64.00	12.80	51.20	244.00
⋮	⋮	⋮	⋮	⋮
J（第十个人）	13.42	2.68	10.74	446.31
⋮	⋮	⋮	⋮	⋮
最后一家银行	0	0	0	—
合计	500.00	100.00	400.00	—

依此类推，央行最先向市场投放了100元，最后市场上实际的货币投放量为100+80+64+51.2+⋯ ＝500，即100×（1/0.2）=500。这里的1/0.2就是货币乘数，也就是1除以法定准备金率。而如果我们把法定存款准备金率降低到10%，那么实际的货币投放量就是100×（1/0.1）=1 000了。可见，央行通过

调节法定准备金率就可以调节实际的货币投放量了。

想不到央行自己能造基本的“原水”，还能通过让“原水”在银行不断转圈而生新“水”。也就是说，在银行多转一圈，货币量就能派生膨胀一小圈，这可真神奇。而央行通过调节法定存款准备金率就能具体决定这一“小圈”的大小，也很神奇呢。

第五节　兔子王国全面关紧了“水龙头”

兔子王国的通货膨胀越来越厉害了，一年之内整体物价涨了100%。各种资产价格也是水涨船高。在此背景下，很多资金纷纷转向受益于通货膨胀的资产品种。股市也开始了上扬，特别是基础建设类、矿产能源类和交通运输类等周期性股票，价格更是一飞冲天。房价自然也开始了快速上涨，短短半年便已经涨了50%了。

马克思在《资本论》的一处脚注中引用过托·约·邓宁的一句话：“（资本）有50%的利润，它就铤而走险；为了100%的利润，它就敢践踏一切人间法律；有300%的利润，它就敢犯下任何罪行，甚至不怕绞首的危险。”受这种挣钱只争朝夕的气氛所感染，兔子们纷纷开始投资，喜欢风险的积极投资股票、期货等高风险产品，性格稳健的一般买进债券、房产等。而更多的兔子则将钱从银行里取出来，投到P2P等各种所谓的互联网创新产品中去，毕竟它们表面上看起来年收益比其他理财产品要高5%左右。但在高利诱惑下，泥沙俱下，各种投资骗局也层出不穷，受害的老百姓也不少，甚至造成了严重的社会问题。

看着这些处于水深火热境况的兔子们，五个小伙伴心急如焚，怎么能帮他们呢？很明显，目前兔子王国资金量泛滥，因此必须减少和回收社会上的资金，先把物价降下来。具体的手段，财灵自然是熟悉得很。于是，她拿出下面的图（见图6–2），进一步把控制“水量”的两大闸门和三大法宝给大家讲解起来。

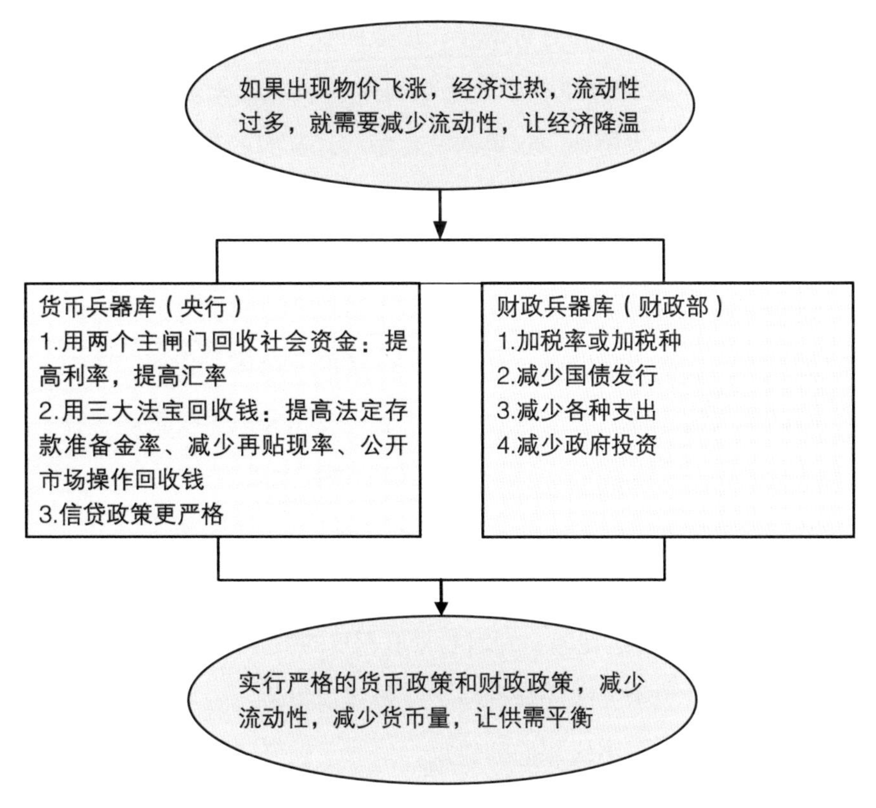

图6–2　收“水”给经济降温

开启两个主闸门，可以快速回收社会资金，从而减少投资过热。一是提高银行的存贷款利率，让社会上的钱更多地存到银行里，让更少的人愿意去贷款投资或消费；二是提升汇率，这样兔币相对于外币就更值钱了，生产成本高了，产品定价也就比以前高了，这不利于出口，厂商自然不会再盲目扩大生产了。

以上两个闸门一般不会轻易使用，政府日常大多灵活地使用三大法宝来回收资金：一是提高法定存款准备金率，减小上面说的货币乘数，从而回收社会货币量，这种操作相对简单，用得也很普遍；二是更严厉的再贴现政策，这样商业银行向中央银行申请再贷款就没那么容易了；三是加大正回购业务，央行卖出持有的各种有价证券，把钱回收到央行的蓄水池里来，减少市场上的资金量，这就好比一个人手里有个古董，他先把这个古董高价卖掉，往家里拿回了一大笔钱，这里的“古董”，其实就是债券等，它本质上是一种工具。

同时，很多时候政府还需要财政政策来配合使用。财政部是一个国家的国库大管家，掌管着国家的收入和支出，也可以通过它拥有的兵器即税收、国债、公共支出、政府投资等工具来调控经济的冷热度。比如这次为了回收资金，财政部就应该通过提高税收、减少政府支出和减少投资等各种手段，和央行从紧的货币政策相配合，以达到更好的调控效果。

最后，财灵总结道：“当前经济很热，市场上钱太多，就需要采取货币紧缩的措施来减少钱，让资金流水位变低，从而给经济降温，以免经济高位崩盘，泡沫破灭。当经济过冷时，则需要采取相反的措施。”

随后，他们给兔子王国的央行写了一份建议报告。一周之后，兔子王国的央行和财政部听从了小伙伴们的建议，采取了逆经济周期的措施，如银行利率提高了两个点，压制了一些投资项目，从而化解了经济风险。三个月之后，五个小伙伴发现，王国的各条河流水位不断降低，物价开始平稳了，民心也安稳了，经济也逐步走向了平衡。为此，兔子国王还给五个小伙伴颁发了荣誉国民的勋章，小伙伴们别提多高兴了。

善财当初用1.5万元买的牛房股份，这一年价格已经上涨了200%，挣了3万元。善财扣掉了自己应得20%的收益分成后，其他四个小伙伴每人获得了160%的回报。而善财自己的5 000元挣到了1万元，再加上帮别人挣了2万元的20%，总共挣了1.4万元。善财这一次的基金经理做得可真成功呢。

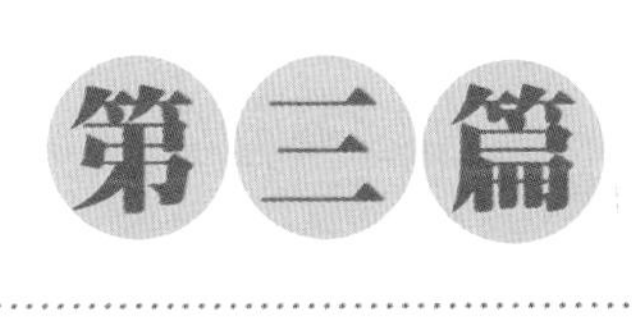

第三篇

打造自己的“钱江堰”

修造自己的“钱江堰”

兔子王国之行，给善财心里很大触动，尤其是比较轻松地挣了1万多元，这可相当于爸妈2个月的工资了。善财觉得，这似乎给自己和全家的未来打开了一扇窗。善财把这种感受告诉了财灵。

“是呀。对于贫困界的人而言，一定不要让贫穷限制了自己的想象力，也不要有贫穷的思维，因为这会让自己甘于贫困，永远陷在贫穷的沼泽地里。你要学会金钱思维和成长思维，不断突破自我和各种局限。接下来，我会指导你们去打造自己的‘钱江堰’，学习如何投资自己以及各种理财产品，这是一种新的思维，非常有助于理财升级。”财灵说。

一周后，财灵带大家去参观了离四川成都不远的都江堰水利工程，它已经有两千年历史了。尽管十年前那里发生了一次巨大的地震，但现在置身其间，依然可以感受到其魅力。

财灵站在堤坝上俯视着江面感慨道：“都江堰真是一项伟大而精妙的工程，使成都平原成为水旱从人、沃野千里的‘天府之国’。因此，我们要借鉴李冰父子构建都江堰的经验，每个人都要打造属于自己的‘钱江堰’。”

说完，她在旁边的水泥台子上摊开了一张图（见图7-1），展示给大家看，并且结合着讲解起来。

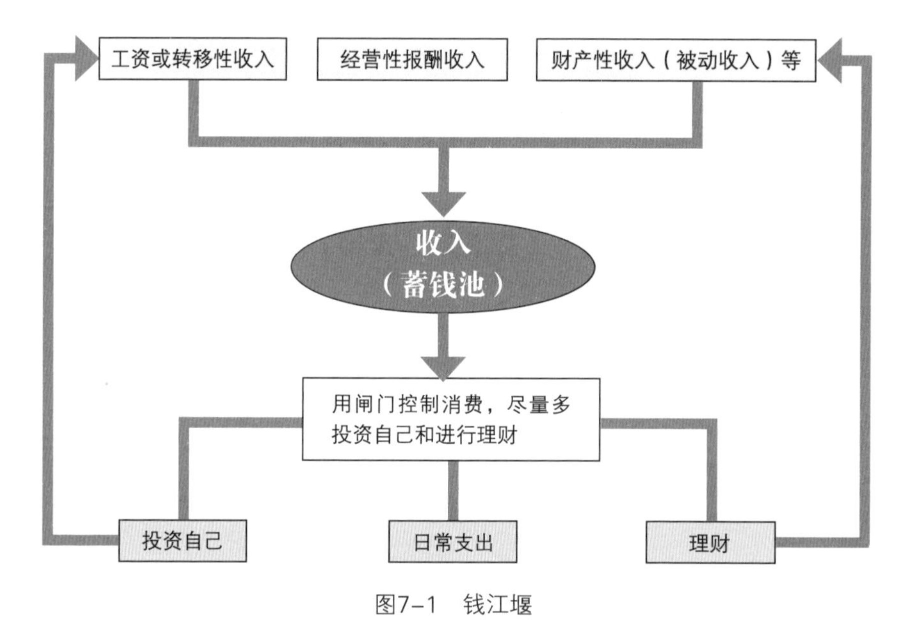

图7–1　钱江堰

从图7–1中可以看出，一个人的收入有三个来源：工资或转移性收入、经营性报酬收入和财产性收入；收入的去处同样有三部分：投资自己、日常支出、理财。

生活中，如果我们尽可能控制和减少日常支出，省下钱来尽量多地投资自己或进行理财，自己的能力水平高了，三种收入自然也就高了；而自己的资本多了，投资理财水平高了，被动性的财产性收入自然也会越来越高。当财产性收入或者说被动收入超过日常支出时，就算是财务自由了。这时，我们的收入蓄水池就能不断蓄水，越蓄越多，也就越富有了。

很多人还把被动收入叫作“睡后收入”。比如有个人2004年在唐人国首都五环外，以40多万元购得一套100平方米的房子，2013年转手卖了300多万元，理论上，9年间，即使这个人每天除了睡觉什么都不做，房子也默默地为他净赚了260多万元，也就是他一天就有将近800元的纯收入。

一个人的能力和品性是一切行动的基石和核心，也是持续取得投资理财收益的重要前提。研究证明，投资可以起到事半功倍、以一当十的效果，只有瞄准方向、讲究方法，持续投入精力和时间，自己才能获得稳步成长。

虎力教练：投资自己是最好的投资

第一节　投资自己的重要性

讲完“钱江堰”之后，财灵一招手，出现了一个比文财神更威猛的中年人，额头上有老虎的“王”字纹，财灵介绍说是“虎力教练”。

虎力教练说：“刚才，财灵给大家讲到了要尽量省钱出来去投资自己和理财，接下来我重点给大家讲为什么以及如何投资自己。”大家聚精会神地听起来。

虎力教练介绍道：“在教育上投资，收益比其他金融品种要高出很多。有美国教授研究表明，以美国为例，在1928—2012年的84年里，股票的年收益率不到6%，而黄金和10年期的国债基本都在2.5%左右，房产不到1%。而教育要远远超过它们。具体来看，副学士学历年回报接近20%，专业学历是16%，而学士是15%（见图8-1）。所以说，对于我们多数人而言，学习是最高效的投资，能得到最大的回报。

“进一步，我们看看不同的学历水平每年的大体收入是多少。根据2009年美国统计概要（SAUS）的数据，不同学历之间的收入差距悬殊（见图8-2）。”

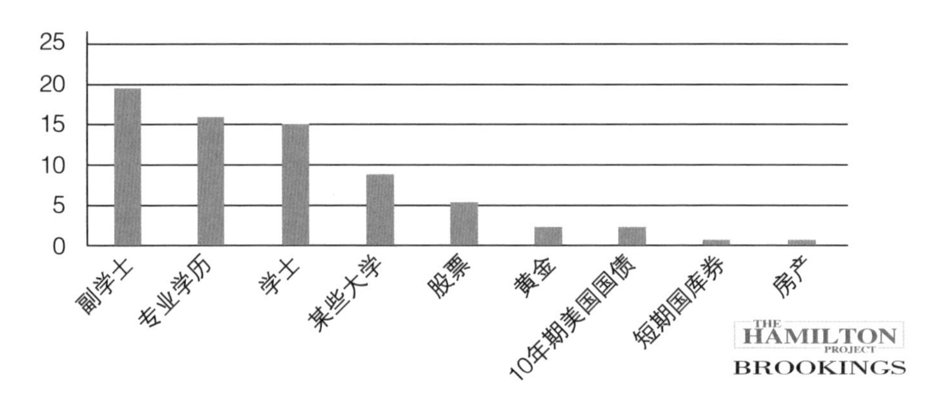

图8-1　1928—2012年间各投资品种年回报（%）

资料来源：收入数据来自CPS（2010—2012），学费数据来自NECS（2012，2013），其他数据反映了1928—2012年间的真实回报。

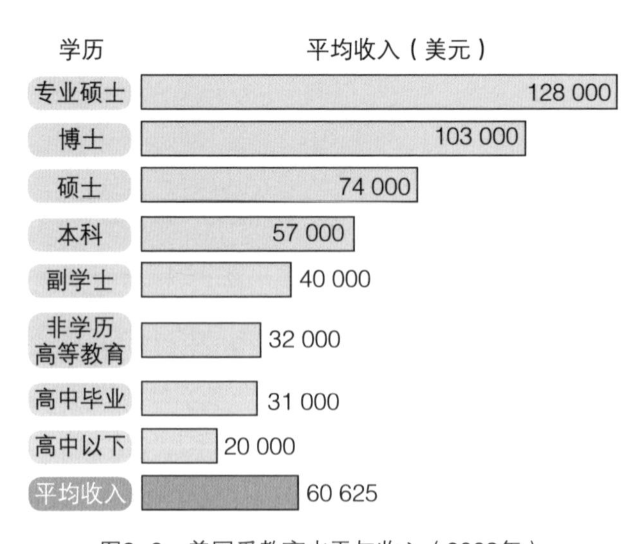

图8-2　美国受教育水平与收入（2009年）

资料来源：SAUS。

“可以看出，专业硕士的收入是最低学历的6倍多；而本科及以下学历的平均收入，还没有达到整体的平均收入水平。因此，接受良好的教育，是人生逆袭、阶层跨越的最好方式。很多人就是因为多读书，吸纳了前人的大智慧，站在了巨人的肩膀上，才得以有大的成就。多读书，我们才能站得高、看得远、看得真。

“上面这幅图告诉我们：压根不看书的人，看到的是世界第一层的假象，可能是鸟语花香，也可能是透顶的绝望；看书不多的人，可能更多感受到乌云密布、朦胧而混沌；只有知识和智慧累积到一定程度的人，才能看透这个世界的真相，有乌云，更有阳光。而心中有阳光，我们才能有更高的视野，会有更大的勇气去改变世界。”

第二节　透过“未来之眼”看未来

在小伙伴们明白了为什么要学习之后，虎力教练接着说：“现在我们看看应该学什么。我们不能瞎学一通，至少不能去学屠龙术吧。因为龙不存在，我们学了也没有用武之地。如果我们知道未来的世界是什么样，知道什么样的人能够适应未来的时代，那么我们现在就可以有针对性地培养相应的能力。”

说完，虎力教练让大家依次站在一个篮球大小、不断闪烁着蓝光的魔法球前，介绍说这是“未来之眼”，它可以针对不同的人呈现出未来世界不同的场景片段。

唐企僧第一个看。他边看边说：“我看到未来的一切生产和服务都自动化了，生产车间里几乎都看不到人了，智能机器人代替了大部分人类。能源用之不竭，环境更加美好。我们真的能像孙悟空那样腾云驾雾、日行万里、飞越太空；我还看到有人冲出地球在太空开辟新家园了呢。”

孙智圣接着看，他说：“我发现人的寿命大大延长，甚至可能长生不老。此外，一个人的思想、经历、体验和各种记忆能够随时随地通过一种U盘一样的东西下载并传承，并借助于另一个生命体延续下去。”

这时，大家都有一个疑问：大多数人都不用劳动就吃穿不愁了，那还需要这么多人干什么？他们做什么来打发时间呢？

一贯喜欢游戏的龙命子带着这些问题去魔法球里找答案，他认真看了一会儿，说：“我看到未来出现了更多的娱乐和游戏，人类会更多地去关注内心，会创作更多的故事和艺术作品，当然也会更多地去寻找人生的意义。但不可避免地，也会产生更多的人与人之间的心理冲突，心理疾病和精神病患也会越来越多。一旦更先进的科技被这些人掌握，社会就太危险了。”

随后，龙命子转头对猪情戒说道：“一切都变成游戏了，连教育和工作都是以游戏的形式来进行的。你作为娱乐明星，也会越来越红的。”

顺势占据“未来之眼”的猪情戒则兴奋地说：“未来的人越来越美了，因为整形、美容越来越低成本和大众化了，手术风险也越来越小了。同时，每个人都可以是演员，都可以自己制作节目放到网络上去跟全球的人分享呢。”

最后，善财通过“未来之眼”看到，教育也越来越智能化和个性化了。有极端仿真的智能机器人作为老师，在网络上针对每个孩子（当然还有成年人）提供个性化的学习方案和内容，很少再看见一个老师对着一大群学生授课的场景了。甚至，善财还看见了智能学习机的出现，通过脑机联合，直接把知识点和经验传输到人脑中去。

第三节　培养“三思五力”

待大家都看完之后，虎力教练总结道：“如果说前几次技术革命，顶多是人的手、脚等身体部位的延伸和替代，那么这次人工智能可能就会完全替代人了。要想自己不被机器替代，我们可以有三个选择：积累财富，成为资本大鳄；积累名气，成为独特个体；积累知识，成为更高深技术的掌握者。就你们现阶段而言，要学会三种思维和五种能力，简称‘三思五力’（见图8-3），使之内化成为自己的性格和习惯。”

停顿了一下，虎力教练继续说：“‘三思’具体指成长型思维、多元思维和投资型思维。成长型思维要求我们一生都不断地学习和成长。多元思维告

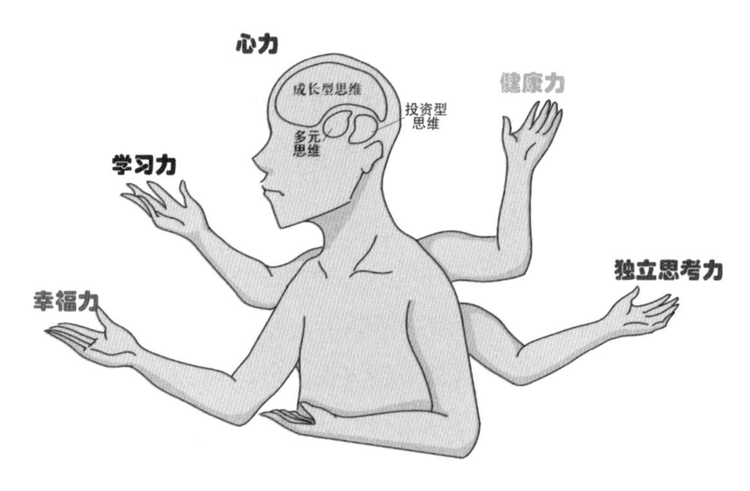

图8-3 “三思五力”

诉我们一定不要非此即彼、非对即错、非善即恶。事实上，在两条对立的道路之外，我们还有第三种选择，在黑白之外还有灰色。至于投资型思维，就是要求我们以投入回报的观念来指导运用自己的时间、精力、注意力等，尽可能提升投资效率，获取高回报。”

三思而后行，三思才有力。接下来，虎力教练耐心地就“五力”开始解说了：“第一，学习力。如果把人看作一棵树，学习力就是树的根。一个人到底有多大竞争力和成就，不是看这个人在学校时的成绩好坏，也不是看他的学历有多高，而是要看这个人有多强的学习力。学习力不是单纯地掌握知识和技能的能力，更重要的是认知世界、改造世界的能力。因为知识和技能随时可能过时，而学习的能力伴随终身。不光要从书本和他人身上学，也要从失败中学。失败是一种绝好的发现问题和不足从而更好地学习提升的机会。此外，阅读各领域经典大师的传记及其著作也是一种系统、快速的学习方法。

“第二，独立思考力。在这个人云亦云、个人很容易被他人所影响和左右的网络时代，只有独立思考才能真正活出自己的价值和生命的意义。而不会独立思考的人，很容易被机器和他人所取代。著名哲学家叔本华说过‘从根本上说，只有我们独立自主的思考，才真正具有真理和生命……纯粹靠读书学来的真理，与我们的关系，就像假肢、假牙、蜡鼻子或人工植皮。而由独立思考获得的真理就如我们天生的四肢，只有它们才属于我们’。

“第三，健康力。你们如果看过《三国演义》就知道，诸葛亮的老对手司马懿智力超群，但更厉害的是他身体好、活得长。曹操死了，他没死；曹操的儿子死了，他没死；曹操的孙子死了，他还是没死。他打不过诸葛亮，但把诸葛亮熬死了。最后三国归晋，完成一统，他功劳大大的。所以一个人要想成功，身体健康真的很重要。

“第四，心力。人一辈子会有很多麻烦，会面临很多困境，每一道沟、每一道坎都可能绊倒一个人。因此，要有强大的内心、坚强的意志力，敢于面对麻烦、迎接挑战。伟大的发明家——托马斯·爱迪生，在成功发明世界上第一个电灯泡之前，曾历经上万次的实验失败。如果他没有坚持到最后，我们今天恐怕连电灯泡也没有呀。我们还要学会拒绝诱惑，每个人的脑子里除了有一个自律向上的自我，还有一个时刻追求及时享乐的猴子。如果心力不够，猴子就会抢过你的人生方向盘，成为决策者，而你的真正自我也就慢慢被淹没吞噬了。

“第五，幸福力。尘世间普通人的不开心，基本上都来源于缺钱和缺爱，缺感受幸福的能力。而所谓幸福，就是能找到自己的工作、生活和生命的意义，只有这种意义才会给自己带来真正的、长久的快乐。在一个不是每个人都能成功的世界，即使你没有获得世俗的成功，也能从自己的工作、生活、爱好和人际关系中感受到幸福，这一点非常重要。股神巴菲特曾说，他每天都跳着踢踏舞去上班。《哈利·波特》系列小说的作者J. K. 罗琳说‘我最大的爱好就是写作’。也正是因为喜欢写作，所以在成名前，作为一个领着低保的单亲母亲，她才能不畏辛苦地带着两个孩子在咖啡馆里边取暖边写作，最终一举成名。同时，也有很多实验数据表明，好的人际关系是人健康快乐的重要决定因素。而要取得好的人际关系，情商又是最关键的。”

虎力教练总结道：“一个人只要具备了‘三思五力’，养成了好的性格和习惯，那么他有很大概率会取得成功。金钱只是一个人变得优秀后的副产品，而不应是一个人生活的目标。一心求钱，可能反而欲速则不达。而要获得‘三思五力’，就需要‘读万卷书，行万里路’，养成良好的阅读习惯。”

大家听完都若有所思。这时，唐企僧突然站起来说：“我们知道了投资自己是最好的投资，那投资他人呢？”

“这个问题提得很好。我给你们讲一个战国时期大商人吕不韦的故事吧。”财灵说。

“他不正是你的第二任主人吗？”善财惊讶地叫了起来，但随后就安静下来听财灵讲故事了。

吕不韦问他父亲，种田能获利几倍，父亲说十倍左右。吕不韦问经商能获利几倍，父亲说一百倍左右。吕不韦问如果拥立国君呢，父亲说那就无法估量了。所以吕不韦后来“贩”了一把人。

秦国的太子安国君有个排行居中的儿子子楚，因不受宠爱被派到赵国当人质，生活很是困窘。这时吕不韦找到了子楚，对他说：“照我说的做，你会出人头地的。”子楚自然不信。

吕不韦解释道：“我听说安国君非常宠爱的华阳夫人没有儿子，而有选立太子权力的只有华阳夫人一个。现在你有二十多个兄弟，你又排行中间，且不受宠，长期在国外当人质，你是无法争太子之位的。”

子楚问怎么办，吕不韦说：“我愿意拿出千金来找人帮你，让华阳夫人替你说话，立你为太子。”

子楚感激不尽，说：“如果实现了您的计划，我愿意和您共享秦国的土地。”于是吕不韦给了子楚很多钱，让他广交朋友。自此，其门前达官贵族络绎不绝。

吕不韦到了秦国拜见华阳夫人，在她面前夸赞子楚聪明贤能，所结交的诸侯宾客遍及天下，最难得的是常常念及夫人，把夫人看作亲生母亲一般。华阳夫人听后非常高兴。吕不韦乘机又找到华阳夫人的姐姐，让她去劝说华阳夫人立子楚为继承人，说子楚如果得到夫人帮助一定会感恩戴德、给予厚报的。经过一番努力，子楚终于被列为安国君的继承人，这就是后来的秦庄襄王。庄襄王继位后立吕不韦为相，从此吕不韦权倾一时。

“吕不韦堪称史上最懂得投资他人的人之一。你们也要像他一样，不光要在自己身上投资，也要学会在他人身上投资，懂得识人、懂得与人合作，这样才能真正提升能力，实现自己的梦想。”虎力教练最后总结。

第九章

用理财品种构建“攻防守备小军团”

财灵说道：“在学会了如何投资自己之后，我们再来了解一下各个理财品种吧。现在有请兵圣孙武[1]。”

这时，一位相貌堂堂、手持兵书、腰挎宝剑的将军出场了，正是兵圣孙武。他朗声说道：“你们五位小伙伴面临挣钱以登山升级的任务。而挣钱的武器有十多种，它们各有不同的性格，承担着不同的攻防角色。”

“投资品种也有性格？”善财特别惊讶，以前只听说人有性格。

“是的，和人一样，不同投资品种有不同的性格。因为其风险和收益不一样，具体的投资方法也有不同。我把它叫作‘财性’。”孙武拿出一张图，接着说，“在这张图上，我按照风险收益从小到大把各个投资品种大致排列了一下，风险和收益一般是成正比例的。右侧的信托、基金和券商资管产品等因其可以同时投资多个基础品种，因此其组合风险高低不一。”

善财等探过头去，看见下面这张图（见图9–1）。

① 春秋时期著名的军事家、政治家，被尊称兵圣，著有《孙子兵法》十三篇，该书被誉为“兵学圣典”。

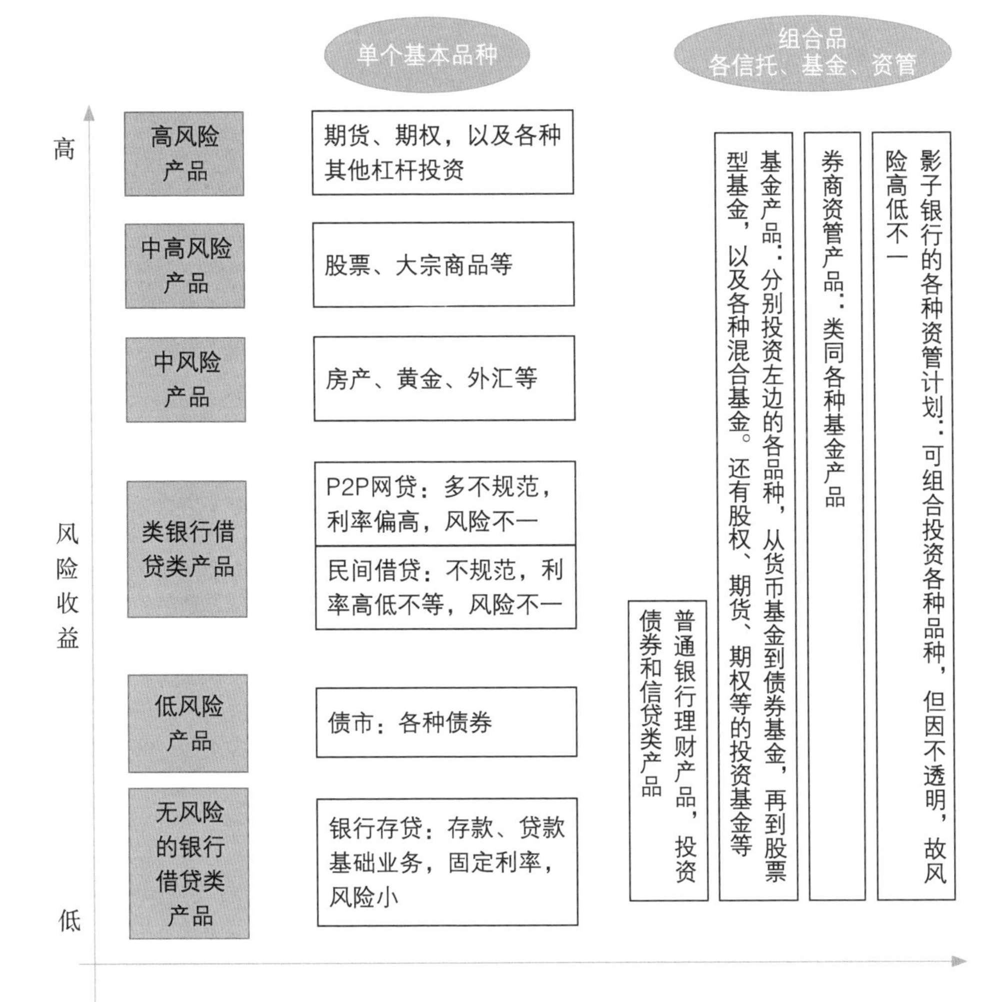

图9-1　各金融品种风险分布

接下来，孙武进一步详细地做了解释，根据各个投资品种各自的特点，它们可以组成“攻防守备小军团”。

- 攻：获取高收益。一般为股票+实业，占比30%左右。收益和风险都相对较高，一旦成功，能快速积累财富。尤其是实业，一旦成功上市进入资本市场，持有者就很容易一步登天，进入财富界。

- 防：防风险和通货膨胀。一般为保险+房产，其中保险占比10%左右，房产占比30%左右。在任何情况下，作为防范意外的保险都是很好的防风险工具。而房产一般而言是能防范和跑赢通货膨胀的。如果赶上房价大幅上升的阶段，房产还会变成进攻性很强的武器。
- 守：重在保值。一般为储蓄型理财+债券，占比10%左右。持有者挣不了大钱，但也亏不了大钱，是股市情况不好时的避风港。
- 备：以备急用。一般为（类）现金+外汇，占比10%左右。用现金、活期存款和货币基金以备急用。外汇可预防货币的大幅贬值，同时也可以在国外使用。
- 机动：一般为基金+期货期权+收藏品，占比10%左右。股票型基金可替代股票，偏债券基金可替代债券，货币基金可替代银行存款。至于期货/期权，则是加杠杆和对冲风险的工具，威力巨大，即使是高手也要慎之又慎。持有收藏品，如果有眼光，则其保值性和增值性都很强。
- 司令：自己。提升自己的综合素质和投资理财能力，方能运筹帷幄，运用好这些理财兵器。

孙武说："我们应通过合理地将财富分配到以上各金融品种，从而构建一个攻防守备比例大体均衡的家庭理财体系。但在实际投资中，讲究的是根据各子行业的景气周期情况移形换位，攻防守备的具体比例也需要调整。就像一个人的一生一样，经济发展也有起伏涨落，可以将其简单分为高峰—衰退—萧条—复苏四个阶段，之后再进入高峰期，周而复始。你们看我手中的这张图（见图9–2）。

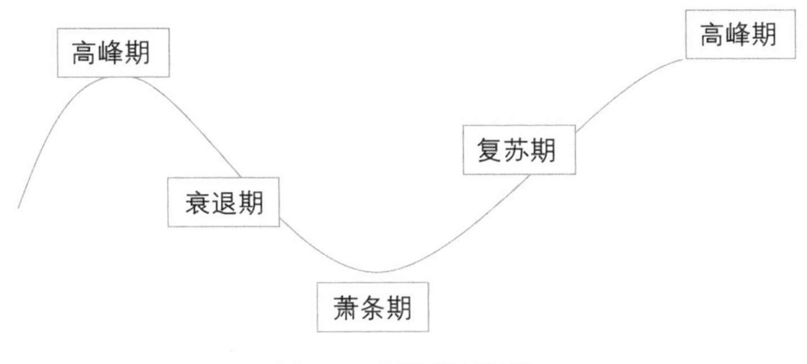

图9–2　经济发展周期

“比如，股市景气时期，就应加大进攻力度，多投资股票、股票型基金等，甚至可以用期货期权来加大杠杆。而在市场不景气时，应该增加无风险或低风险资产如银行存款、债券等的投资比重，让大部分资产都安全、有保障，同时在保持高流动性的情况下获取风险较小的收益。当然，也可以精于某一品种，术业有专攻嘛。用得好，同样可以很成功。”

这时，善财问道：“那么，作为一个从来没有进行过风险投资的人，首先投资什么品种比较合适？”

“基金。它是从银行存款等无风险的投资向股票等有风险的投资过渡的最好的投资品种。通过基金这个投资窗口，你可以进入投资的殿堂，学习许多投资理财知识。随着水平的提高，进而可以从事其他投资，承担的风险也可以逐步增大。”孙武回答。

第十章

复利的大威力

在孙武讲完各品种的财性和如何投资之后，大家都有些累了。毕竟这么大的知识含量，一时消化起来还是挺吃力的。

“轻松一下，先给你们讲个印度的古老传说吧。”财灵说道。

★ ★ ★

传说印度的舍罕王打算重赏国际象棋的发明人、宰相西萨·班·达依尔，允诺答应他的要求。这位聪明的大臣胃口看来并不大，他跪在国王面前说：“陛下，请您在这张棋盘的第一格内放1粒麦子，在第二格内放2粒，第三格内放4粒，这样下去，每一小格内都比前一格加一倍。陛下，把这样摆满棋盘上所有64格的麦粒，都赏给您的仆人吧！”

“爱卿，你所求的并不多啊。”国王说道，并命令仆人把小麦如数付给达依尔。

计数麦粒的工作开始了，第一格内放1粒，第二格内放2粒，第三格内放4粒……还没有到第二十格，一袋麦子已经空了。一袋又一袋的麦子被扛到国王面前来。但是，麦粒数一格接一格飞快增长着，国王很快就看出，即便把全印度的麦子都拿来，也兑现不了他对达依尔的诺言。

这些麦子究竟有多少？打个比方，如果造一个高4米、宽10米的仓库来放这些麦子，那么它的长度等于地球到太阳距离的2倍。而这些麦子全世界要2 000年才能生产出来。

"大家看，这就是复利的威力。爱因斯坦说复利是'世界第八大奇迹'，是'有史以来最伟大的数学发现'，甚至是'宇宙最强大的力量'。复利，更可以造就亿万富翁。"财灵说道。

"复利怎么造就亿万富翁呢？"善财很感兴趣。

"别急，我慢慢给你讲。假设你现在有1万元，通过投资理财，每年赚10%，那么，连续20年，最后连本带利变成了6.73万元，想必你惊讶于这个数字吧？但是连续30年，总额就变成了17.45万元；如果连续50年，总额又是多少呢？你大胆猜猜看。"

大家此前了解过通货膨胀导致的货币贬值的惊人速度，只不过这次是反方向的增值速度了，因此纷纷猜："50万元？""80万元？""100万元？""200万元？"

"错，实际上是117.39万元。这个数字还是很惊人吧？"

"是的，我做梦都想不到，一个25岁的上班族，只投资1万元，每年挣10%，到75岁时，就能成为百万富翁了。我想，如果每年回报率更高的话，就根本不需要50年了。"善财说。

"真是大开眼界，原来成为百万富翁也不难嘛。不过，你是怎么算出来的？"唐企僧问。

"有一个简单的大致算法，我将它称为'复利的72法则'。它是用72%去除以每年的回报率，得到的数就是总额翻一番的年数。假如每年挣10%，72%

除以10%，就是7.2。也就是说只要经过7.2年，投资总额就翻一番。50年，大致是7个7年，因此，就翻了7番，即2的7次方，也就是原来的128倍，这与实际的117.39万元相差不大。”

“看来复利的力量真是伟大。那么，我们在投资中如何利用复利呢？”龙命子好奇地问。

财灵又接着给大家讲了新编龟兔赛跑的故事。

在上一次龟兔赛跑中，因为掉以轻心，兔子输了，很不服气，发誓要赢回来。于是它和乌龟再次约定进行投资比赛，并找了牛做裁判。牛说：“现在有两个角色，你们可以自己挑选。一个是从现在起每年定期定额投资6 000元在股票上，平均年收益率10%，投资7年，到第8年就停止追加新投资，只用原来的本金与获利再自动投资，同样每年挣10%；而另一个则从第8年开始投资，同样是每年定期投资6 000元，一年也挣10%，这样连续30年。请你们选其中的一方参加比赛，到第37年看谁赚的钱多。”

兔子想：“以前我是输在懒惰上，这次可得挑个勤快的角色。”于是它挑了后面那个角色。结果到了37年后一看，兔子傻眼了：乌龟用仅仅4.2万元的本金，资产达到了99.3万元；而兔子用了18万元的本金，却只有98.7万元。牛宣布乌龟再次获胜。

“真的？这么神奇？”大家又是惊讶不已。

财灵答：“是的，乌龟只早做了7年，然后按兵不动；而兔子却在随后的30年里不停地投资，可还是输给了乌龟。”

善财附和道：“真有意思。看来，笨鸟要先飞，投资要趁早。只要我早比别人飞上几年，就是再能飞的鸟都难赶上我了。”

财灵接着说：“理财要趁早，因为这样有效的投资时间更长。巴菲特个人800亿美元财富的96%是在他60岁以后才挣得的，而这时距他11岁买第一只股票时已经快过去50年了。如果等你大了，有足够的本金才开始投资理财，就好比让一个不懂拳击的新人去参加职业拳击比赛一样，风险大大的。”

财灵说：“我们刚才讲的都是挣钱的情况。但是如果不投资，或者投资不慎，钱损失起来也是飞快的。假使每年亏20%，那么10万元起步，第一年剩下8万元，第二年为6.4万元，第三年为5.12万元，就已经快跌去50%了。这其实就和此前讲过的通货膨胀导致货币贬值是同样的道理。所以说，如果投资得当，钱就会增值；如果不投资或投资失误，钱就会贬值甚至亏损。财富，就像植物一样，需要我们去精心照顾，才能开花结果。”

温饱界里并不“温柔”的陷阱

到善财上三年级时，牛魔王的快递员工作年收入涨到7万元了，他的快递车后面的标语也换成“即使做快递，也要出人头地”了。铁扇公主也还继续做着刺绣扇子，在网上销售，年收入为5万元。慢慢地，工作也稳定了，一家人的收入也积累了起来，再也不为衣食住行发愁了。以前看病等借的钱也因为省吃俭用、精打细算而慢慢还清了。他们重新换租了一个条件好一点的一居室，租金为4万元/年，占了全家收入的1/3。一天，聚宝盆的显示屏上出现了牛魔王家的“钱江堰”。

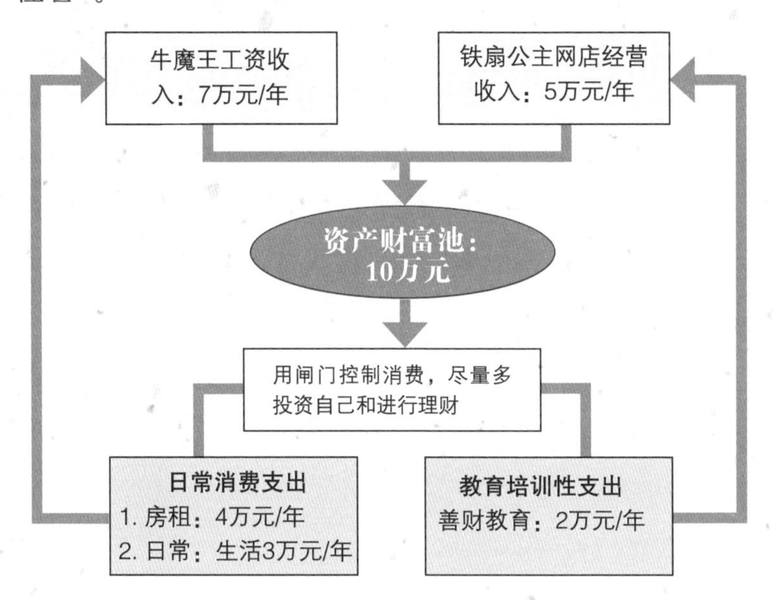

善财家干涸的“钱江堰”（初入温饱界）

尽管还没有固定的存款和像样的资产，但一年下来总算略有盈余，善财一家也终于脱离贫困界进入温饱界了。温饱界处于财富山第二层，人数比贫困界多不少，居民大多居住在比较落后偏僻的地方，一般有一份相对稳定的体力性工作，疲

于奔命。虽然表面上达到了温饱，但消费水准偏低，也生不起病，几乎享受不起外地度假，也无暇和无钱去顾及孩子的教育。

财灵对善财说："善财，凭着你爸爸的稳定工作和你妈妈的刺绣手艺，你们一家总算升到温饱界了，不再像以前那样寅吃卯粮、左支右绌了，开始有了余钱和积蓄。但在温饱界里，单纯依靠勤奋是远远不够的，你要开始尝试多开辟财源，认真去理财，开始体会钱生钱的奥秘。为此，你们一家需要学会合理消费，养成好的消费习惯，以便有尽可能多的余钱去稳健地投资。要做一些储蓄型理财，也要开始学会稳妥地投资债券。但是，温饱界的陷阱很多，要时刻注意防范规避。当你通过不断的学习和实践体会到钱生钱的奥秘之后，你就会越来越从日常工作和生活的羁绊中脱身出来，渐渐获得自由。"

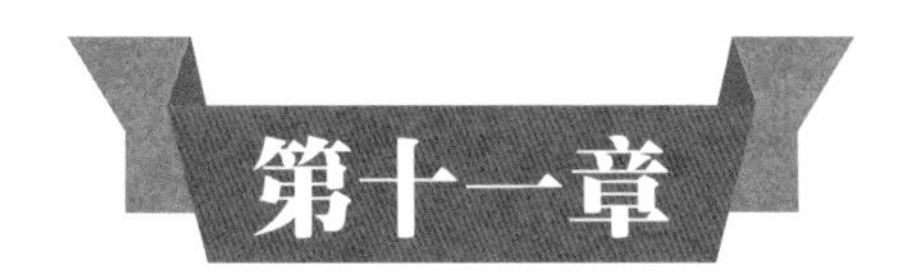

第十一章

一起创办财游网

为了让学生全面发展，才学小学会不定期请一些理财专家来做讲座。这不，善财所在班的第一堂理财课开始了，讲者是一个银行的经理。他重点给同学们讲了父母是怎么挣钱的，以及同学们花钱的知识和技巧。

讲座给了大家理财知识的启蒙，善财突然想到：“既然很多同学对钱都不了解，那有没有一种方法能把学习、玩乐、理财以及对个人性格的培养有机地结合在一起呢？”

于是，善财把另外四个小伙伴召集到一起，在植物园的湖边开展了一场头脑风暴。大家一致同意建一个针对儿童的虚拟财富网站，并且想好了业务模式——当用户注册后，会拥有自己的虚拟银行账户。随后，系统每天都会向其发布任务和挑战。这些任务有个人的，也有需要和别人合作完成的；有知识问答、读书心得、体育训练、时事评论等。有些任务每个人都可以去完成，有些任务需要竞争才能获得，完成后的得分也相对会高一些。在完成任务后，客户需要将证据提交给网站管理员审核，通过后即可获得相应的奖励——数额不等的财游币。当客户积攒到一定数量的财游币后，可以选择兑换奖品，或储蓄起来以获得利息。

但是五个小伙伴还不会建网站，怎么办？他们上网查到有专门帮人建网站的公司，于是选定了一家。主要投资来自龙命子。作为东海龙宫集团老板的孙子，他家里有的是钱。龙命子出资30万元，占30%的股份。经过一番讨论决定，善财作为管理者入股，占20%的股份；另外三个小伙伴每人占10%的股份。同时，为了发挥班里同学的积极性，善财又拉来10个同学各自投了2万元，总共占了20%。这样算下来，网站估值达到了100万元。

业务想好了，要投资的钱也搞定了，那这个网站应该叫什么名字呢？名字取得不好，大家记不住，所以一定要有趣、好记。结合五个小伙伴面临的任务，善财突然想到，要不就叫“财游网”吧。

两周后，财游网正式上线了。为了开局顺利、打响头炮、吸引人气，善财和财灵合作，直播一档叫作《如何建立理财三本账》的访谈节目。善财坐在桌子旁，财灵站在聚宝盆上，观众都以为是网站做的特殊动画效果。因为，善财可不敢向外界透露财灵的真实身份。

节目中，财灵对善财说：“你出发去一个地方，首先要打点行李。同样，理财也是为期一生的征途，你首先要做的便是摸清家底，看家里有多少资产，有哪些是光睡觉不干活就能挣来的。”

善财回应：“是的。说不定你自己家财万贯却蒙在鼓里呢，我一个同学的姥姥有一次差点把很早以前买的国库券当垃圾处理了。至于把祖上传下的宝贝疙瘩当废品卖的也不少。当然，也有人明明一穷二白，却守着个根本不值钱的玩意儿还以为是无价宝。那么怎么清查家底呢？”

财灵一挥手，变出了三本像账本一样的东西。她拿起最上面一本，封面

上写着“我家财产档案”。这时，财灵开口了：“财产档案的作用就是把家里所有值钱的东西，如存折、保险单、不动产权证、毕业证书、各种重要的法律文书什么的，都统一放在这个档案里。有一点需要补充，就是注意定期整理自己的各种存折、保险单什么的，没有什么用的，尽量清理掉。”

之后财灵取出第二本，封面上写着“我家日常生活账”。

“这个呢，主要是列出每段时间消费的情况，过一段时间看看，就能发现自己的钱是怎么花掉的，找出不好的消费习惯加以克服，并养成好习惯。具体来说，这个账本可以再细化成更小的账本，比如衣服小账本、食品小账本、旅游休闲小账本什么的。”

善财说：“看来得督促妈妈把这个用起来。”

“这第三本呢，就是‘我家投资账’。”善财还没有回味过来，财灵已经开始第三本的介绍了，“‘我家投资账’是家庭理财的核心，所有的理财目标、计划、盈亏的情况全记在上面。当然了，如果嫌麻烦，可以登录我们的财游网，下载三个账本的电子版，用起来就更方便了，而且不怕丢。”

节目很成功，观众反响热应，好评如潮，表示它既能帮孩子们树立正确的财富观、消费观，又能培养他们的阅读习惯、运动习惯、与人交往的能力。仅仅一个月后，仅才学小学就有1 500个注册用户了。推广到其他学校半年后，财游网有了1万名用户。

不久后，为了不影响学习，五个小伙伴商定以每月5 000元的工资雇了一个大学毕业生管理运营，同时还请了一些兼职人员，基本就能维持网站日常的业务运营了。

第十二章

善财的两个开源行动

由于电子商务和网购发展很快，快递公司这些年的业务也越来越多了，有时牛魔王一天就要送150单。加上牛魔王负责的那片区域是这个城市的中档小区，住着很多中青年精英，正是网购的主体人群，所以牛魔王工作更加繁忙了。牛魔王踏实努力，很快成为公司的业务骨干，奖金也比以前拿得多了。而铁扇公主的刺绣在网上也开始有了知名度，收入也不断增加了。

作为家里的一员，善财也在想着给家里开辟财源。对于有心人，机会不用等太久。一次，学校组织学生去养老院陪伴老人。养老院坐落在郊区一个风景宜人的小山坡上，是一个完整的四合院，建筑精美，布局精当。因此尽管每月收费高达1万元，但在这个快速发展的城市里依然一房难求。

老人们看到孩子们非常高兴，给他们讲自己以前的故事，孩子们听得津津有味，还一边用小手帮老人们捶背。听完故事，孩子们又和老人们一起做起了游戏。善财和一位儒雅的老人很投缘，老人是一个知名画家，以山水画闻名于世。但现在年纪大了，画大幅的画有些力不从心了，但还是经常会铺开纸张挥毫泼墨，练练手脑。当天晚上，善财接到一个电话，是老人的儿子打来的。他在电话里告诉善财，他的老父亲已经很久没有这么高兴了，父亲

非常喜欢善财，希望以后善财经常过去看看他，跟他聊聊天。

“当然了，如果你能去，我们会支付一点报酬，毕竟会耽误你学习和玩乐的时间。”中年人在电话里说道。接下来，他们商定，善财每周六下午去陪老人半天，报酬是300元。过了两周，老人把自己隔壁的一位老人介绍给了善财。这是一位曾经很有名的企业家，但是后来不幸公司破产。他对善财说过不止一次，好在当初买了一笔养老保险，所以还能支付养老中心的费用，要不然自己可就穷困潦倒、老无所依了。

渐渐地，养老中心的其他老人也知道了善财，大家也都很喜欢他，还向善财询问有没有其他孩子能过来陪他们聊天。于是善财介绍了班上的四位同学过来。作为回报，那几位老人每人每次也都给善财50元钱。这样，加上自己的300元，善财一次能得到500元，一个月就多了2 000元，这也算不错的收入了。

一天，隔壁单元一个低一年级的小孩的妈妈找到善财，说：“我们做父母的真是没法给自己家小孩补习功课，我们说什么他都不听，每次给他辅导就恨不得打他一顿。你成绩好，和他也很投缘，他就听你的，因此我们希望你辅导他做作业，一周一次，每次给你50元钱。”这种搂草打兔子的好事，善财当然同意啦。于是善财每月又多了200元的收入。

身处社会，逃不过消费，商家要挣你的钱，自然会费尽心机从你身上获利，你也要面对自己的欲望，也时常会陷入不理性消费的陷阱。因此，面对内外部的诱惑，需要高挂“八戒”，从而规范自己，理性消费。

第十三章

消费：金银角大王的消费迷宫覆灭记

不知从何时起，也许是突然之间，出现了一个名叫“消费迷宫”的集团，总部大厦离善财家不到1千米，高达60层，雄伟气派，出售的东西应有尽有，并且线上线下都能购买。此外，大厦还提供吃喝玩乐住一条龙服务，只要有钱，顾客在里面待上一年半载都不成问题。而为了更好地促进消费，消费迷宫还能提供各种金融借贷服务，这自然广受大家欢迎。

消费迷宫是由金角大王和银角大王[①]两兄弟创办的。据说，他们头上的金银角越大、纯度越高，自身的法力就越大、寿命就越长，而这就需要尽可能多的金银财宝来养护金银角。出于这个目的，两兄弟才创办了消费迷宫，并

① 原是给太上老君看金炉的两个童子，后私自下凡为妖，有红葫芦、玉净瓶、芭蕉扇、幌金绳等几件宝物，与孙悟空斗法失败后，重回太上老君身边。

且为此不惜动用已有的两大宝贝。金角大王的宝贝名叫紫金红葫芦，原是太上老君盛丹用的；银角大王的宝贝则是太上老君盛水的羊脂玉净瓶。两个宝贝威力极大，一旦客户的名字被丢入瓶中，客户就会慢慢迷失自我，不断消费，欲罢不能，犹如吸毒上瘾。

第一节　铁扇公主误入多个消费坑

因为收入情况比以前好了，铁扇公主开始热衷于消费，尤其是赶上各种网购大节时，更是买买买，停不下来。这不，消费迷宫一年一度的线下线上同时启动的“消费迷宫大节”开始了。力度最大的是买5 000元返2 500元，粗粗一算，比平时便宜近40%了，这种便宜岂能错过，铁扇公主一通狂买，从电饭煲到餐巾纸，从化妆品到衣服……很快就凑满了5 000元，接着又拿返的2 500元去买东西。可由于只能在指定的品种上消费，铁扇公主又买了很多洗浴用品和指定的一些书。还没有从不断收货的快乐中清醒过来，一家人就发现很多东西根本用不上，用得上的也得到猴年马月才能用完。比如卫生纸就够全家人用五年了，大米都够吃三年了。更悲催的是，网上有很多揭露消费迷宫黑幕的帖子，说消费迷宫在促销前将很多物品的价格都提高了20%以上。铁扇公主这么一算，并没省到钱，反而多买了许多不必要的东西，真是后悔莫及。

铁扇公主一直想给善财买一个质量不错的复读机。这次促销，这个品牌正好打折，可她转场到达"客户交易区"后，商家就开始想尽办法说这款产品不好，并转而介绍另一款更贵的产品，铁扇公主不太懂，但是觉得也不错，就是贵了点，就狠心帮善财买了下来。此外，铁扇公主看中了一个打三折销售的扫地机，觉得真便宜，可买回家用了不到三次就坏了，可也没法退换，人家早就说了，折价出售的物品概不退换。唉，又白白浪费了500元钱。

更气人的是，当初头天晚上铁扇公主熬夜秒杀的很多东西，卖家故意拖延不发货，铁扇公主等得不耐烦只好主动申请退款，而事后和其他朋友交流，才知道这是卖家通过这些方法来对自己的商品进行宣传，为自己赚取人气。唉，枉费了精力熬夜呀。

还有一次，铁扇公主在消费迷宫的网站上买了一款号称海外直邮的名贵化妆品，后来被媒体报道说是假冒伪劣产品，其实都是国内的小作坊里生产出来的。怪不得当初用起来感觉不好，牛魔王还打趣说："咱平民老百姓的粗糙皮肤消受不起高档化妆品，怕也是水土不服吧。"一听这风凉话，气得铁扇公主把一腔无处发泄的怒气都转到牛魔王身上了。

同样，牛魔王为了减掉日益鼓起来的"啤酒肚"，花了1 800元在消费迷宫的一家健身俱乐部办理了一张包年卡。可由于总没空，加上运动成效不明显，惰性回升，他就很少再去健身了。牛魔王仔细一算，每次健身所花的费用比单次交费贵出了10倍，健身俱乐部又不给退卡。寻思要转让给别人吧，还卖不到100元，因此牛魔王只好在卡即将到期时去健身了几次，没曾想，由于很久没有正规锻炼，牛魔王把肌肉拉伤了，在家静养了半个月，工作都干不了，又惹得铁扇公主一顿埋怨，真是得不偿失。

铁扇公主去一家美容美发店做头发时，服务人员向她推荐一种储值消费卡，花1 000元办一张卡就可以当2 000元使用，美容美发都能用，还不限时间。铁扇公主心动了，忍不住办了卡。但她第一次去消费时才发现，她的卡只能用于部分高档美容美发项目，一些自己真正想消费的项目却被限制了，店家的解释是那些项目利润很低，而铁扇公主的储值卡享受了5折优惠，不能再用，卡也不能退。这一个哑巴亏让铁扇公主三天没吃下饭。调整了好几天，铁扇公主终于下决心去做高档美容美发项目，却发现美容美发店已换成了一家咖啡屋，美容美发店的人也联系不上了。

铁扇公主正气得心疼呢，接到一个陌生人的电话：“你家老公欠我的钱怎么还不还？再不还，我们三天后就要到你们家去上班了，你们家善财上学也只好由我们护送了。”一开始，铁扇公主还以为是诈骗电话，就没理睬。因为各种中奖的、假装是朋友受伤借钱的、假装是老板要财务人员打钱的诈骗电话太多了，让人烦不胜烦。但这个号码再次打来时，铁扇公主发现就没那么简单了，对方准确地报出了他们全家的电话号码、生日等个人信息。要出大事了！一定是那头老牛背地里干的。那天晚上，牛魔王很晚才回来，醉得不省人事，第二天早上才痛哭流涕、一五一十地交代了。

第二节　牛魔王深陷消费高利贷

这几年，牛魔王因为快递工作做得越来越好，经济情况比以前好了，也结交了不少各路兄弟。兄弟多了，在太平盛世里，自然吃喝玩乐也就多了。牛魔王每到周末不是打麻将，就是和朋友喝酒唱歌。一开始，因为铁扇公主看管得严，他还能有所节制。但随着日子好起来了，加上铁扇公主在善财身上花的心思越来越多，自然就放松了对牛魔王的监督和约束。牛魔王的零花钱也多了起来，压抑已久的吃喝玩乐的习性一发不可收拾。慢慢地，牛魔王交到铁扇公主手里的钱越来越少，到后来不仅一分不交，甚至几次偷偷从家里拿钱。为此，铁扇公主难免不高兴，给了他很多次脸色看，每次牛魔王都保证不再乱花钱了。

一天，牛魔王又被几个哥们生拉硬拽到了消费迷宫一家新开的餐馆，大家都嗨了，边吃肉边吹牛，可快到结束的时候，一个哥们儿接了一个电话说家里有急事，先走了；另一个哥们儿说要去赶下一场宴会；还有一个哥们儿说吃得肚子有点不舒服，提前走了；最后一个哥们儿站起来说“咱一人一半吧”，说完给了牛魔王一张五折优惠券，借口有事也先走了。到了结账时，就只剩下牛魔王了。牛魔王本来就没带钱，因此只好假装肚子疼，给一个医院急救科的朋友打电话。十分钟后，朋友穿着白大褂、开着救护车就来了，查看了一番病情，对饭店的人说是食物中毒，顺便还打包了饭菜带去化验，急得老板倒给牛魔王500元钱，让他快点走，不要到处宣扬。十分钟后，牛魔王

和医生朋友分开之前，朋友对他说：“你这都已经是第三次了，没钱了可以去办信用卡呀！”

办信用卡很简单。开通了信用卡的第一个月，由于先花钱再还款，牛魔王过得很是自在如意。但到月底，牛魔王一看账单傻眼了，花了1万多元，那可是两个月的工资。没办法，他只好又办了另一个银行的信用卡，透支钱出来把窟窿补上了。再后来，牛魔王在半年里办了六张信用卡，拆东墙补西墙，日子过得好不艰难，其中有几次忘还了，还被收取了滞纳金，那可是按照全部借款额的18%的年利率来计算的。到后来，别的银行都不给牛魔王办卡了。为啥呢？因为他还款的信用不好，连带着他的个人信用报告也很差。信用报告其实就是一个人的“经济身份证”，日后贷款买房买车、办理信用卡、找工作……都需要提供。但此时牛魔王也顾不了那么多了。

就这样，牛魔王折腾了一年，终于被铁扇公主发现了，两人大吵一架。但毕竟是一家人，铁扇公主只好拿出自己的钱，把牛魔王亏空的4万元补上，并勒令他把信用卡都清掉了。

日子清净了三个月。有一天牛魔王在浏览消费迷宫的网站时，无意中点开了一个广告，打开链接进入了一个赌斗牛比赛的网站，广告语充斥着“中奖率高”“一夜暴富”的字样，牛魔王不禁有些心动，想想自己花费多，工资又来得太慢，斗牛比赛说不定是个机会呢。于是，牛魔王在斗牛赌博的网站注册了会员，填写了手机号码，并将个人银行卡与账号绑定后，通过账号下注。一开始赢了几次小钱，牛魔王便艺高人胆大，加大了赌注，可接下来几次都是惨败，一周下来居然又亏了1万多元。输红了眼的牛魔王一筹莫展，恰好这时看到无抵押、无担保的现金贷，打着“只需一张身份证，20分钟即可到款”的广告，便狠心去借了5万元高利贷，并按照要求上传了自己的手机通讯录。可很快，5万元又输光了。牛魔王又在别的三家网贷平台借了15万元。一个月过去了，牛魔王借的20万元一下子变成了24万元，又过了一个月变成了30万元，三个月后很快就到了50万元。追债人不眠不休地催债，牛魔王的噩梦持续不断。有一次，三个比牛魔王还高大的浑身布满文身的家伙把牛魔王堵在一个屋子里，逼着他唱《世上只有妈妈好》的歌，但牛魔王只记得调，却记不清歌词，结果错一个字就被三人打一顿，一首歌下来，牛魔王已经鼻青脸肿了。对自己的悲催经历，牛魔王只好自认倒霉，毕竟是咎由自取。但催债人无所不用其极，两天后直接打电话给铁扇公主，甚至还威胁了善财的安全。惹了大祸的牛魔王焦头烂额，却又无处可逃，连跳楼的心都有了。而铁扇公主和善财同样束手无策。毕竟50万元不是一个小数目，且日夜都在增长，看来一家人是永无出头之日了。

过了几天，善财在学校听说班里同学邻居上大学的姐姐为考表演学校，借了P2P高利贷2万元去医院做了鼻子和耳朵的整形，结果一直还不起，利滚利越滚越多，半年下来都已经滚到10万元了。催债公司天天逼着，而她妈妈和奶奶一直生着病，家里非常困难，所以她一直不敢和家里人说。最后女孩走投无路，留下一封绝笔信跳楼了，信的内容是："我实在没办法了，只好告别大家到另一个世界去了，谢谢父母的养育之恩，对不起。"

第三节　为救难，猪八戒助卖财游网

好在天无绝人之路。一天，善财接到一个自称猪八戒的人打来的电话，对方说有一家公司想购买善财手中的财游网股权。创办了半年的财游网，注册用户已经达到5万了，其中有不少是很活跃的用户。而且财游网在中小学中还比较有影响力和知名度，吸引了一些投资机构。经过评估，五个小伙伴和财灵将财游网的估值从100万元上调到了800万元。尽管善财万般不舍，但现在自己家被催债公司折腾得家不像家，父母都无法正常工作和生活了。而善财的学习任务也多了起来，自己不太顾得上打理网站，于是只好答应忍痛割爱。经过一番谈判之后，在猪八戒的主持下，按照800万元的公司估值，善财以80万元的价格卖出了自己10%的股权。善财把这些钱都用去还掉了牛魔王的高利贷借款（这时利滚利又升到60万元了），还剩20万元。难关总算过了，一家人也算命大。

此后，牛魔王每每想到自己还需要靠读小学的儿子卖掉心爱的网站来渡过难关，心里就特别愧疚。在金钱和理财方面，牛魔王自此基本上唯善财马首是瞻了。

通过卖财游网一事，猪八戒发现善财是可造之材，善财也觉得猪八戒和蔼可亲，很会为人着想，专业能力也很强，因此他们两个很快成了忘年之交。后来，善财才知道，猪八戒在消费方面还是一个大师级人物呢。善财一直很好奇，“八戒”究竟是哪八戒呢？有人说是佛家的“八人斋戒”，有人说是不吃八种东西，大家莫衷一是。善财借机问了猪八戒。猪八戒笑着说：“两个都对。但我现在又有了新的‘八戒’，主要是针对消费的八种习性：没有计划、促销滥买；超前消费、透支借贷；不看质量、奢侈无度；好图便宜、盲目高价。”

“真是新时代消费八戒呀！”善财感叹道。

“关于消费，我给你讲两个故事吧。一个是美国富豪洛克菲勒的，另一个是你们熟悉的大文豪兼东坡肉的发明者苏东坡的。”猪八戒说。

洛克菲勒发财之前，有一天在报纸上看到一则发财秘籍的广告，于是动心买了。拿到手一看，书里只有“勤俭”二字，洛克菲勒非常生气。但后来他仔细一想，恍然大悟。因为发财的第一步，除了节俭别无他法。此后，他每天努力节省用于储蓄，同时勤奋工作增加收入，坚持了多年，积攒了美元去经营煤油。在经营中，他千方百计地节省开支，盈利之后也将其中的大部分钱存起来，之后又投入石油开发，经年勤俭经营，终成一代富豪。

苏东坡被贬为黄州团练副使后，俸禄大幅减少，于是自创了一种节省开支的方法。具体是每月发工资后取出4 500钱，分成30堆后用绳子串起来，每天取一串。其实这就是现今提倡的“储蓄”方式，将钱积累起来，来保证自己生活安稳。可惜只“节流”还是难以维持生计，苏东坡只好带着家人开荒种地“开源”。这个有趣的穷人，为了在艰苦的条件下满足自己的美食欲望，在黄州发明了猪肉的新做法，这就是“东坡肉”。

“这两个故事都告诉我们要控制消费、节俭持家。无论如何，从省下收入的10%开始做起。你得训练自己这样做，让它成为习惯。我们可以试着采取一个‘交通灯’方案（见图13-1）。当你的要求超出家庭经济承受力时，在心中亮起红灯，提醒自己不要买。即使可以承受，也要先问问自己：这是我现在需要的吗？如果是，绿灯通行；否则就红灯禁行。此外，为了适当鼓励自己，在取得一些小小的进步时，可以用零用钱买一个礼物送给自己。”

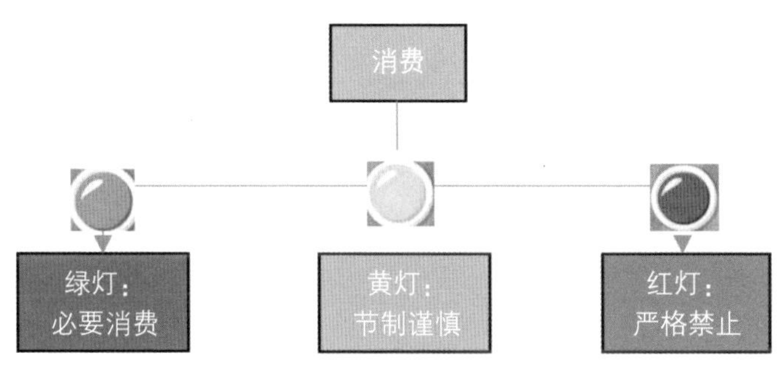

图13–1　消费交通灯

第四节　消费迷宫的意外覆灭

消费迷宫创办两年后的一天，由于资金链断裂，轰然倒塌。此前，金角大王和银角大王为了快速集聚财富，不断扩展业务，投资战线拉得太长，管理也跟不上，因此造成了许多浪费和投资无效的情况。同时，由于有金角大王的宝贝紫金红葫芦和银角大王的宝贝羊脂玉净瓶相助，很多客户都成为消费迷宫的忠实客户，购物上瘾，到最后大家都没有钱再持续下去了，很多家庭都背负了巨额债务。消费迷宫竭泽而渔，已经无法再吸引新的客户了，而那两个宝贝由于嗜财成性，根本停不下来，有一天居然把两位大王的金角和银角都给吸进去了，金角大王和银角大王都变成了秃角大王。无奈之下，他们只好又回到天上，自然被他们的师父太上老君狠狠地骂了一顿，并罚面壁百年。

理财自当稳健。围绕固定收益的类存款产品，种类繁多，陷阱同样很多。身处灰色监管地带的很多P2P平台的垮掉，就揭示了盲目贪图高收益带来的高风险。因此，即使是貌似无风险的理财产品，我们也要睁大眼睛，明察陷阱，方能使自己立于不败之地。

第十四章

储蓄型理财：老鼠精布下的庞氏陷阱

金鼻白毛老鼠精因在灵山偷食了如来佛祖的香花宝烛而被哪吒父子所擒，为谢不杀之恩，遂拜托塔李天王为父，拜哪吒为兄，在人间供设牌位，侍奉香火。

如果就此安心侍奉也好，但老鼠精不甘平淡，打着更好地给哪吒父子供奉香火的名义，精心设计了一个惊天计划，于两年前成立了一家“陷空山财富集团”，主要运营一个叫作“陷空宝”的P2P平台，号称能高效撮合需要借钱的人和往外借出钱的人达成合作。并且为了让人放心，老鼠精还承诺涉及的钱都会放在大家都信得过的第三方公司，由它进行保管。

为了营销，老鼠精又笼络了一大批小老鼠去民间吸引投资，其中一些老鼠又另外成立了“真实宝”等关联平台。

★ 温饱界里并不“温柔”的陷阱 ★

第一节 “陷空山财富”的高息陷阱

一年前，铁扇公主从一个银行的理财客户经理那儿得知，“陷空山财富”发行的一系列产品号称收益率可达30%—40%，远超市场平均收益率。在接触过程中，该客户经理也一直向铁扇公主强调绝对不会亏损，能保证固定收益，就和银行发行的其他理财产品一样，且随时可以取回本金和应得利息收益。同时，通过网站，铁扇公主也发现了有很多媒体对于“陷空山财富”的正面报道，有不少知名专家为其站台推广；此外，电视上还有“陷空山财富”的广告，请的也是当红明星来扮演投资经理。铁扇公主再一看业务流程，好像也说得通。

看到这些，铁扇公主的疑惑和不安消失了一大半。在最初两次的小额投资尝到甜头后，她便开始不断加大投资，金额从几千元到几万元不等。此外，铁扇公主还投资了一家销售返利的“牛家购物”平台和一家号称做公益的理财平台。

可惜好景不长，还不到一年，铁扇公主发现“陷空宝”平台突然无法进行兑付，开始着急了。在讨要资金的过程中，铁扇公主遇到了另一位女性受害者，对方拦着不让该平台经理将资金返还给铁扇公主，理由是她本人投资了上百万元，是投资大户，而铁扇公主只投资了几万元，平台应该先解决大户的资金返还问题。铁扇公主只好几天后再去一次，这一次遇到一个热心的“熟人”向她推荐新的理财平台，并向她打包票说：“即使你的资金被套住了，我也能去帮忙要回来。”铁扇公主相信了她，又投资了这家平台，不久发现自己又落入了人家的圈套。实际上，是这位 “熟人”自己在该平台的资金无法兑付，必须要找一个不低于自己投资额度的人进来才能全身而退，而铁扇公主就顺理成章地成了对方的垫背。后来，气愤的铁扇公主加入了一个由很多投资者组成的维权微信群，大家整天讨论是报警还是找律师，谁来牵头，谁负责维权推进，期间涉及的费用大家如何平摊，等等。有一个人很积极，表示愿意牵头为大家维权。于是铁扇公主和其他人每人交了5 000元作为维权费用，但再一次倒了霉——这个人把大家的钱收了就退群消失了。原来这又是一个骗子，潜伏在微信群里冒充受害者。后来警方披露说，这种事其实发生过很多次了。投的P2P跑路，大家本来就已经很倒霉了，维权时又被骗，真可谓祸不单行。

一个月后，联系铁扇公主的银行客户经理被警方抓了。因为她给自己的客户私下里销售了假的银行理财产品，这些产品根本不是银行发行的，走的也不是正规的产品销售流程，而是“陷空山财富”推出的风险极高的有毒资产，投资者本质上是陷入了庞氏骗局。陷空山财富集团从银行的客户那里募得巨额资金挪作他用，并不断吸引新的客户投入新的资金，然后作为分红分给老的投资者。但是，新客户开发跟不上，新加入的客户少，“陷空宝”再无钱给老投资者分红，甚至本金都返还不了，于是骗局暴露，真相大白于天下。

屋漏偏逢连夜雨。两个月后，铁扇公主参与投资的“牛家购物”返利网又出事了。这是一家销售返利的公司，声称在全国拥有300万会员，在全国2 000多个县市均有代理网点，联盟商家达10万家。这些公司精心构造购物返利骗局，借销售商品之名，通过会员缴纳会费，行非法集资之实，在短短两年内非法吸收近200万会员的资金高达250亿元。

三个月后，铁扇公主再遭打击。那家号称做公益的公司同样也被揭露出是陷阱。其宣称消费者每在平台上消费100元会分期返还99元，平台将剩余1元用作公益，商家把消费额的固定比例交给平台也可分期返利。但实际上，平台的返利并不是现金，而是一种虚拟币——爱心豆，取现操作十分复杂且周期很长，到最后根本取不出来。

经此前后一年半时间，铁扇公主的三大笔投资损失惨重，扣除返还的红利和取回来的本金，前后总共亏了8万元。

第二节　牛魔王加入“真实宝”

祸不单行。牛魔王以另外一种方式也同样深陷P2P理财平台陷阱。半年前，牛魔王频繁听到“真实宝”的电台广告，随后又看到某电视台黄金时段播放 “真实宝”的广告。上下班坐地铁时，牛魔王再次被“真实宝”的广告轰炸。更给牛魔王吃了定心丸的是，几个知名经济学家纷纷站出来说这家公司很靠谱，夸赞该公司创始人是千年难得的企业家。这时，正好有朋友告诉牛魔王“真实宝”在大量招聘兼职业务员，而且工作时间自由、薪资待遇好。正好天天在家受够了铁扇公主的气，牛魔王索性给“真实宝”投了简历，并很快通过了面试。

入职第二个月，牛魔王被要求必须拉来3万元的业绩，否则就会被辞退。无奈之下，他只好找自己的朋友借了3万元投进去。但想到这样下去毕竟不是长久之计，于是牛魔王到处向人许诺自己可以担责，以吸引客户投钱。

在近两个月不停地游说之后，牛魔王一共拉来了7位投资者，累计投资超过30万元。这样的业绩，在新员工群体中已经算是出类拔萃了。眼看自己就要升职加薪了，却没料到“真实宝”公司上上下下被政府一锅端了。

据最后的法院判决书上说，单是“真实宝”一家，就一共吸收了50万名私人投资者的300亿元资金，这些受骗者都认为自己投资的是没有风险的政府债券。实际上，大笔资金都进入了老鼠精等几个创始人的私人账户，他们把这笔钱用来购买私人飞机、豪华汽车、豪宅、游艇……过着奢侈的生活，直到被揭发出来，锒铛入狱。

尽管公司也号称有些实体项目不是纯粹的骗局，但其资质往往是包装出来的，金玉其外，败絮其中，根本就不值钱。但是由于公司有很多动人的故事可讲，项目盈利前景被描绘得一片美好，且又有知名专家在旁鼓吹，因此蒙骗了很多不明真相的投资者。

第三节　老鼠精的结局

由于“陷空山财富”的很多产品的年化收益率高达30%以上，不少投机者空手套白狼，以网贷、消费贷、信用卡套现等形式，用更低的成本（比如20%的利率）借款来投资获取30%以上的利息，从而比较稳妥地挣到10%以上的利息价差。这种挣钱方法很轻松，因此很短时间内便吸引了源源不断的大量客户。在国家不干预的情况下，如果它能一直保持这种利息差，似乎可以维持很长时间不出问题。但当它面临金额更大或者速度更快的获取暴利的机会时，可能就会受到强烈的冲击。因此，当京城有十个楼盘同时开盘推出近3 200套房源，且预售价格由于受到政府限制比周边二手房便宜1.5万元/平方米时，情况就全变了。一旦买到这样一套100平方米的低价房，一夜之间就可以

轻松挣到150万元以上。投机者的眼睛是雪亮的，多达2万名客户都按照要求准备了房款80%的首付，也就是说500亿元以上的钱从各种渠道退出回到活期存款上。这一海量的挤兑成泰山压顶之势，一举成为压倒“陷空宝”等诸多平台的巨石。此外，很多别有用心的公司也通过入股平台的方式，把这些平台当作融资平台，把投资者投进来的钱投入与自己有关联的极其缺钱的业务中去，以解燃眉之急，因为银行、股市、债市等融资渠道对它们都关上了大门。很明显，这些钱多半也是肉包子打狗——有去无回了。

一直密切监控各互联网金融平台的国家监管部门，眼看互联网金融平台倒闭潮愈演愈烈，担心失控，于是统一部署，顺势开展了全国范围内打击互联网金融平台诈骗的行动。很快，老鼠精被抓，同时被抓的还有“牛家购物”等的参与者。

随后，法院开庭审理了这一互联网金融平台诈骗案。判决书上写道，“陷空宝”等打着“网络金融”的旗号上线运营，实际上是以高额利息为诱饵，虚构融资租赁项目，并宣称年化收益率可达30%，还有额外奖励的高额回报，以骗取投资人的资金。这些理财产品平台持续采用借新还旧、自我担保等方式大量非法吸收公众资金，累计交易发生额达700多亿元，实际吸收资金500多亿元，涉及投资人约90万名，遍布全国31个省、市、区。通过这些平台募集的钱，一部分用来作为投资者的回报，另一部分作为小老鼠的佣金，绝大部分都被老鼠精用来挥霍了，而只有很少的一部分拿来进贡给李天王和哪吒。

老鼠精在被关押期间也交代，“陷空宝”其实就是一个彻头彻尾的庞氏骗局，利用假项目、假三方、假担保三步障眼法来制造骗局，超过95%的项目都是虚假的。

最后老鼠精被判决犯有集资诈骗罪、非法吸收公众存款罪、走私贵重金属罪、偷越国境罪、非法持有枪支罪，被关在无底洞里，永世不得翻身。

本想获得高收益的铁扇公主，偷鸡不成蚀把米，最终亏了8万元。牛魔王借钱去投资，最后连一半都没有收回。至于他拉来的朋友的钱，为顾及朋友情谊，只能每个都象征性地赔了1万元，毕竟损失是因自己而起的。前后算起来牛魔王一共亏了10万元。

接下来的半年里，牛魔王和铁扇公主像魔怔了似的，牛魔王一直念叨着“你贪图人家的利息，人家看上的却是你的本金”，而铁扇公主则整天唠叨着“我只希望得到鸡蛋，而他们想的却是如何偷我的鸡”，都快成家庭全天候背景音了，善财耳朵都听出茧子了。后来，善财手写了一张劝诫语录“高收益意味着高风险，收益率超过6%的就要打问号，超过8%的就很危险，超过10%的就要准备损失全部本金”，郑重地贴在家里，每天提醒父母。

按照观音菩萨的吩咐，善财给牛魔王和铁扇公主分别戴上了隐形的金、禁、紧三箍，可以自动阻止他们乱花钱。因为是观音菩萨的要求，他俩自然也不敢不听。再说了，牛魔王和铁扇公主也从心底痛恨自己不争气，希望能改过自新，所以倒也遵守得很好。夫妻俩各自有那么几次实在忍不住准备出手乱消费和乱理财时，这头箍还真像有意识似的，把他们的脑袋勒得生疼。

第四节　存款也分三六九等

经此折腾，牛魔王和铁扇公主元气大伤，只好又重新考虑起银行安全稳妥的存款了。银行左手吸收老百姓多余的钱（存款），并支付一定的利息给他们；右手把这些钱借贷（贷款）出去给那些需要钱的个人或企业，并收取更高一些的利息。贷存款之间的利息差就是银行的主要利润。但由于有些借钱的个人或企业经营不善，或者银行没有严格把好关，贷出去的钱收不回来了，就造成了坏账。为此，为了避免借款人将来还不起，银行一般还会要他们提供抵押品。一旦真的还不起，抵押品就归银行所有了。同时，银行对最可靠的借款人收取最低的利息，对风险较高的借款人收取较高的利息。

这一天，善财一家三口来到离家不远的储蓄所，见墙上高挂着两张大表。

大唐银行存款利率表

项　目	年利率（%）
一、城乡居民储蓄存款	
（一）活期	0.300
（二）定期	
1. 整存整取	
三个月	1.400
半年	1.650
一年	1.950
二年	2.410
三年	2.750
五年	3.000
2. 零存整取、整存零取、存本取息	
一年	1.400
三年	1.650
五年	1.650

（续表）

项　目	年利率（%）
3. 定活两便	按一年以内定期整存整取同档次利率打6折执行
二、协定存款	
三、通知存款	
一天	0.550
七天	1.100

大唐银行贷款利率表

项　目	年利率（%）
一、短期贷款	
六个月（含）以内	4.35
六个月至一年（含）	4.35
二、中长期贷款	
一年至三年（含）	4.75
三年至五年（含）	4.75
五年以上	4.90
三、贴现	以再贴现利率为下限加点确定

三人正细看时，财灵冒了出来，说："别小看这两张表，它们太重要了。国家在很大程度上就是通过它们来调节民间流通的钱的数量，从而控制通货膨胀、调控经济发展等。国家觉得民间的钱太多了，就提高一点银行存款利息，吸引大家把钱存到银行去，这样民间流通的钱就少了，对经济就可以起到降温的作用；国家一旦觉得民间的钱太少了，就降低一点银行利息，鼓励老百姓把钱从银行里取出来，这样民间流通的钱就多了，对经济可以起到加温的作用。"

善财满脑子疑问："利率为什么要分个三六九等？"

财灵回答道：“时间就是金钱。一般时间越长，利息越高。你把钱存进银行，实际上是把钱的使用权交给银行了。银行用你的钱时间越长，自然就会给你越高的利息。贷款也是一样。此外，你要记住三点，它们对你以后理财很有帮助。”

“是哪三点呢？”善财很感兴趣。

“一是储蓄利息不计复息，在存入日应计息，取款日不计息。二是存期内如遇利率调整，定期存款按你开户时的利率计算利息，而活期存款一年结算两次利息，调息前的时段按旧利率结算，而调息后的时段按新利率计算，两者是有差别的。三是各种定期存款到期后可按原存期连本带息自动转存，但一般在开户时要主动说明，否则逾期未支取部分按照支取日的活期储蓄利率计算。转存基数为最初的本金加上前期利息，转存利率为到期日挂牌同期利率。所以，把握住这三点，可以避免无谓的利息损失。”

善财一家考虑良久，听了财灵的建议，买了5万元的货币基金。货币基金是所有基金里风险最低的，收益率也比较低（但比存款利率高一些），且其资金进出很方便，基本上随用随取，这一点比银行定期存款强。

除没有风险的各种银行存款之外，由于行业竞争和规避监管需求，这些年银行也推出了几十万亿的理财产品，它们的收益一般比存款要高一些，且绝大多数情况下风险极低，你们也可以适当考虑，但前提是一定要看清其条款，了解其投向。事实上，极少数踩雷的理财产品，很多和投向不清、资金被挪用有关。今后，随着监管的加强，此类产品风险会进一步降低。

债券，定期“下蛋”，收益稳定，风险小，一般都有税收减免，适合求稳的投资人。

债券投资，要么要有耐心等“鸡”定期下蛋，要么能有玩好两副“跷跷板”的能力：一副是资本市场实际利率和债券价格玩，另一副是债市和股市玩。

债券：和毗蓝婆的投资比赛

自从牛魔王和铁扇公主各自遭受重大理财挫折以来，他们对善财临危救难的举动很是感激，凡是家里的大事也都听善财的看法。慢慢地，善财就把家里的财政大权都接管了过来。

第一节　参观毗蓝婆的养鸡场

转眼善财已经上到四年级下学期了。一天，学校组织学生参观一个位于郊区的大型养鸡场。和传统的小农养殖不一样，这里的生产管理实现了全自动和半自动的完美结合，只有不到30个员工。精心管理、合理布局的一排排鸡舍里下的蛋直接通过生产线的各道工序——清理、消毒、分拣、包装、堆码，一气呵成。不到300亩的养殖场，拥有可下蛋的“壮年”母鸡300多万只，每天能产300万只鸡蛋，这就是工业化带来的产能和效率。待母鸡下七八个月蛋后，蛋的营养价值就下降了，养鸡场就不让它们再下蛋了，把它们送到不远处的养殖的鳄鱼嘴里，鳄鱼的皮和肉都有很高的价值。当然，有些营养价值不错的老母鸡还会通过网络被销售，那也是一笔不错的收入。

全程陪同师生的是养殖场的女厂长，有着一个怪异的名字——毗蓝婆，四十多岁，保养得很好，皮肤像极了刚剥皮的嫩鸡蛋，光滑细腻，泛着光。善财心想，她一定驻颜有术。午饭时，毗蓝婆介绍，这个养鸡场已经有10年历史了。起初她没有钱，便向三个有钱的朋友各借了100万元，期限为10年。一个朋友很信任她，借款利息为每年5%；一个关系一般的朋友，利息为市场平均利率8%；还有一个朋友觉得她创业这事不一定能成，因此要10%的利息。

“为啥三个人的利率还不一样呀？”善财问道。

毗蓝婆回答：“这其实也很好理解。站在出钱人的角度，对还钱不及时、可能收不回来或者赖账的朋友，你只好要求高一点的利率，且时间越短越好；对还钱及时的朋友自然没那么多考虑了，且利率也可以低一些。”

债券实际上就是这样的欠条，目前市场上主要有国债、金融债和企业债三种。国家也会缺钱，会向老百姓发行债券借钱，这就是国债，因为其赖账的可能性小，因此票面利率自然就最低了。国债利率基本表明了该国货币的无风险利率的大小，是给其他所有资产定价的基础。而金融机构发行的叫金融债，风险又比企业债小，因此利率居中；企业缺钱发行的就叫企业债，不同的企业赖账的可能性又有不同，因此利率又会不同。其中企业债里还有一种将来可以在一定条件下转成股票的，叫可转债。总之，把钱借给国家，利息自然就别指望比借给企业高。同样，借的时间越长，利率越高；时间短，利率自然就低一些。一般而言，国债利息是不用交所得税的，而金融债、企

业债等则需要交税。

“可国家为什么要借钱呢，不是征税或者多印钞票就可以了吗？”善财突然想起来，之前财灵在解释通货膨胀时还提到过。

毗蓝婆回答：“很简单，因为国家也可能缺钱，比如要打仗、修铁路什么的，多征税，老百姓不同意，此外，税收高了，大家也不愿投资了；多印钞票又会引发通货膨胀，而向老百姓借钱就不存在这些问题了，况且老百姓还多了一种低风险的投资渠道呢。有‘鸡’了，还要有‘鸡交易市场’，要不然就只有定期逼人家吃鸡蛋，不让人吃鸡肉了。由此，债券市场产生了，它的规模要大于股票市场。同时，债券市场可以通过回购、利率互换等手段加大杠杆，在正确运用下，完全能够获得高于股票的收益，当然如果失败了也可能亏得很厉害。国债又可分为凭证式国债和记账式国债，在银行柜台都可以买卖。前者和定期存款类似，不能转卖给他人，提前支取还要损失利息，以及扣除相应手续费。但如果持有国债至到期，就比同期银行存款利息高了，还不用交税。可见，凭证式国债好是好，但要‘一买定终身’，好得并不彻底。而这方面记账式国债就比凭证式国债好多了，而且一样安全，在证券交易所和银行柜台都可以买卖。它的灵活性大，随时可以买卖，而且利息一直算到交易的前一天为止，同时还可以挣差价。这就像养一只母鸡，平时可以吃到它定期下的蛋，到卖掉的那一天，如果母鸡体重增加了，还可以更高的价格卖掉，真是一举两得。

“说了这么多，再说下去估计你都听迷糊了。不如这样，咱们打赌，以一年为期，看谁投资的债券能获得更高的收益。你觉得如何？”毗蓝婆说。

善财心想：“尽管我现在不太懂，但概念性和知识性的东西，我可以随时上网去了解，实在不行我还能咨询财灵呢。尽管有些不公平，对我会有挑战，但我相信只要认真去学，谨慎投资，还是有希望取胜的。”于是，善财大声回答道：“好，比赛就比赛，谁怕谁？”

毗蓝婆说：“别急着答应，我还没说赌注呢。如果我输了，我给你们家免费提供20年的鸡蛋，每天5个，此外还给你妈妈提供一个用鸡蛋做美容的超级养颜秘方。但是如果你输了，你就得在我的养殖场打工60天，可以寒假或暑假来。”善财心想：“这赌注可有点大，双方的赌注也有点不对等，自己还占便宜了呢。”但看对方心慈面善的诚恳样子，善财爽快地同意了。

第二节　出师不利的信用债投资

赌局设立了，挑战也就来了。那到底买什么，又怎么买卖呢？

善财打开债券交易系统，发现除了票面利率，还有实际收益率和到期收益率，而它们又随市场利率变化而变化。这又是怎么回事呢？为此，财灵给他解释开了：“假如有一期国债，面值100元，10年到期，利率是3.2%，就是说国家现在借你100元，每年支付利息3.2元，10年后还给你。但是，别忘了，这100元只是‘鸡’的标价，可以允许买主有讨价还价的余地，有时你可以按打折价买，有时按标价买，但有时你还得溢价买，这就引出市场价格（市价）和实际收益率两个概念。那为什么债券可以不按标价买卖呢？主要是由于资本市场的实际利率总在变，这决定了通过债券市场向人借钱所要付的利率也不断变化。资本市场的实际利率主要受通货膨胀和各种存贷款利率的影响。它像龙王的定海神针一样，决定着债券市场上各种债券价格的高低。比如说某一期债券实际交易的价格是90元，实际收益率就是用利息（3.2元）除以市价（90元），也就是3.6%。当然，这是假设到时你依然以90元的价格卖出去的实际收益率。如果到时卖出价格有变的话，还得加上这个差价才能算出真正的实际收益率。因此，投资债券一定要计算持有到期的收益率，而标明的票面利率没有多大意义。一般来说，类型相同、到期日相近的债券实际收益率相差不大。市价分净价与全价，一般以净价交易，全价交割。”

搞明白了这一点，善财心里就有谱多了。可交易的债券有很多种，主要分为利率债和信用债。两者的区别在于，利率债的发行人基本都是国家或有中央政府信用做背书、信用等级与国家相同的机构，可以认为不存在信用风险。其价格主要受利率（包括长短期利率）、宏观经济运行情况、通货膨胀率和流通中的货币量等的影响。而信用债的发行人则几乎没有国家信用做背书，需要考虑信用风险，也就是说如果发行人破产或者经营状况很差，投资者有可能连本金都拿不回来，更别说利息了。因此，信用债一般要比利率债付出更多的利息。

善财思来想去，尽管国债比较稳妥，但收益率还是低呀。要战胜毗蓝婆，只能兵行险着，冒点险了。于是善财选择了一个名叫“牛桶债”的信用债，牛桶公司是做大型集装箱的，很有实力。这只债券还剩1年到期，成交价格是95元，票面利率是8%，实际到期收益率高达8.42%（8 / 95 × 100%），而一般的国债收益率才在4%左右。于是善财买了5万元的。

不得不说，善财运气真是好，刚买了这只债券不到一个月，因为经济过热，国家进行宏观调控、大量回收货币，因此债券迎来了一轮小牛市，这只债券也随行就市地涨到了97元，到期收益率就超过10%了（10／97×100%）。

可是好景不长，半个月后的一天上午，不知为什么牛桶债的价格突然跌了8元，到了89元。善财正惊慌失措呢，市场又传来云北城投债可能违约的消息，而其价格也从昨天的98元跌到了85元，因此连带着相关的信用债都大跌，而一向稳健的国债也跟风下跌了1%。云北城投债这一跌，其价格损失就远超过利息收入了，投资者大幅亏损是必然的了。真是怕什么就来什么，信用债最大的风险是违约风险，看样子还真就可能发生了。一旦发生，就有可能血本无归。而有传闻说发行牛桶债的公司老板因为境外赌博而挪用了公司3亿元的现金，而导致公司出现重大危机，将要发生违约。

当天在煎熬中度过，善财忍着没卖债券。第二天，情况有所缓和，债市不再跌了。又隐约有传闻说云北市政府要出手帮城投公司还债，却没有正式的消息，无从确认。而牛桶债的传闻也因为公司董事长出面辟谣而慢慢淡了下去，这样持续了一周多，牛桶债的价格也慢慢回升了一些，到了92元，此后一个多月一直稳定在这个水平。比当初买的还跌了3元，善财算了一下，到期收益率也才5.43%，这个收益率要赢得比赛可就没什么把握了。考虑来考虑去，善财还是以92元左右的价格把它卖了。结果没考虑到所得税的情况，因此又被扣掉了1.4元多的税。因为国家规定，付息日持有债券的投资者需按照债券票面的20%缴纳所得税，这样收益率就跌到4%了。如果不换品种，比赛是肯定要输的。善财有些后悔，早知这样，就应在派息前卖出债券，派息后重新买入债券。

经此一折腾，过去了2个月，当初的5万元变成不到4.8万元了。“出师不利呀，”善财想，“看来打算持有到期的计划破灭了，还是应该在国债上做文章。”

第三节　收益颇丰的国债回购

那国债应该怎么做呢？简单地买国债到期是肯定不行了，而债券回购是不错的选择。债券回购利率通过竞价产生，波动较大，但其平均值一般远超过银行活期存款利率。而在月末、季末、节假日前后及新股申购前等时点，回购利率往往容易出现上升，例如极端情况下年化收益率可超过30%，在这些时段进行逆回购交易的收益更可观。当然财灵也提醒过善财，整体而言，逆回购交易收益率偏低，并不适合作为长期的投资工具。普通投资者可在闲置资金没有更好的投资渠道或者市场不确定性较强时阶段性参与。

但好在回购可以有杠杆，可以借证券公司的钱买卖，这样就可以放大收益或亏损。国债回购交易有正、逆回购之分。正回购一般在预期债券价格将上涨时操作，指的是通过手头已经持有的部分债券，向证券公司融入资金，继续买入债券并放大杠杆，这样一次操作后，债券持仓规模便可以达到初始资金的两倍，相当于在做多债市。质押融资借款到期时，再用未质押的债券进行融资以偿还首次质押的借款。如此即可实现滚动操作，并阶段性持券待涨。不过，这种杠杆操作也会将风险和收益都放大一倍。比如一只到期收益率为6.5%的信用债，加2倍杠杆，假设按照隔夜回购平均利率3%融资计算，则净收益＝总收益－总成本＝6.5%×3－3%×2＝13.5%。合理开展杠杆交易，可以实现以较少资金博取大利润，最大限度地提高资金利用率。

逆回购指的是将富余资金借出去，以获取一定的利息收入，相当于在做空债市，因此多在预期债券价格将下跌时操作，具体是先在二级市场卖出债券回笼资金，接着通过逆回购获得无风险融资利息。

正逆回购的前提都是要对国债价格涨跌预测准确，否则做反了，那也是双重的损失呀。那如何判断债券价格的趋势呢？为此，善财这次虚心地求教了毗蓝婆。尽管身为竞争对手，但毗蓝婆好像肩负着教好善财的使命和责任，因此对善财知无不言，言无不尽。

第四节　债券爱玩的两副跷跷板

“要了解债券价格走势，你需要玩好两副跷跷板。”毗蓝婆说。

“跷跷板？”善财问道。

“是的。第一副是市场利率和债券价格玩，第二副是债市和股市玩。”随后，毗蓝婆很认真地给善财详细讲解了起来：

“市场利率和债券价格两者的变化趋势是相反的，二者玩起了‘跷跷板’。这里需要解释一下，比如说你按票面价值100元买了最近一期十年期的国债，利率是3.2%。但如果市场利率上升，所有新发行的十年期国债利率都是5%，即每年都可以得到5元。那么，如果让你选择，是抛掉手中的债券买新的，还是按兵不动？如果价格一样，你当然会抛掉只会下小鸡蛋的‘鸡’而去买下大鸡蛋的‘鸡’。这样抛的人多了，下小鸡蛋的‘鸡’价格自然就要跌了，值不了100元；而利率5%的新国债因买的人多，价格就不止100元了。而如果市场利率下跌，所有新发行的国债利率都是2%，情况就相反了，新国债如果价格为100元的话就卖不出去了，大家都会去抢原来利率为3.2%的国债了，有可能把它的价格抬升到100元以上。所以，作为普通投资者，在国家可

能涨息的情况下，应该静观其变，不要盲目去抢新发的债券，因为利息真涨了的话，按照跷跷板原理，你买的债券价格就会跌下来。但如果要降息呢，就可以赶紧抢购。

“同样，债市和股市也跟着玩起了跷跷板，你高我低，你低我高。因为，不管股市也好，债市也好，都是企业等筹钱的地方，两者在一定程度上是竞争关系。如果股市筹钱成本低，大家都跑到股市上去了，债市就冷清了。反之亦然。比如有一次，由于国家出台了一个对股票很有利的政策，股市一夜之间出现井喷行情。在它的催化作用下，债市猛然陷入了为期一天的短暂暴跌，跌幅大的甚至达到2%，这对于有些债券来说可是一年的积累呀。

“所以，国债投资者不能对股市不闻不问，得眼观六路，耳听八方，密切关注市场利率、股市等，这样才能如鱼得水，通过养‘鸡’挣钱。”

第五节　善财战胜了毗蓝婆

基于以上分析，善财决定基于国债回购进行波段操作，加上一定的杠杆操作，这样也许还会有转机吧。

在接下来的10个月里，善财进行了6次逆回购、8次正回购，总体赢多输少，加上杠杆，到比赛截止的最后一天，总共获得了9.5%的收益。善财对这个收益还是很满意的，但转念一想：“要不是一开始自己瞎折腾，肯定能达到

13%以上呢。”

而毗蓝婆又是如何操作的呢？她一开始就采用梯子型投资组合法，即像搭梯子一样，从 1 年期到 5 年期的 5 种债券各买了20万元的。待最近的一期到期后，再用它买进新的一种 5 年期的债券，面值100元，票面利率是4.76%。如此反复，每年都有一期债券到期。毗蓝婆的原则就是尽量不在债券到期前卖出，这样就能不断地用到期的资金灵活地享受最新的高利率。即使利率下降，因为投资期限错开了，风险也不大。方法简单，买入持有，安心吃利息，就可以获得比银行5年期定存高的利息，对于她这种需要资金随时保障养鸡场正常运营的人，是非常安全的。况且她也没有太多精力和时间去打理债券，如此稳健而轻松的投资方法，何乐而不为呢。此外，毗蓝婆在价格90元左右时还买了一些还有一年多到期的面值为100元的可转债，经过计算，即使到时不转股，也能有8%左右的稳妥年收益率。

一年到期了，善财的年收益率是9.5%，而毗蓝婆却没有按照规矩去以一年为期进行投资，算下来，其一年的收益率不到5%。

“我赢了！”刚看到这个结果时，善财很高兴。

“是的。从表面上看，应该是你赢了，恭喜你。我要履行我当初的诺言，给你们家免费提供20年的鸡蛋，每天5个，此外还给你妈妈提供一个用鸡蛋做美容的超级秘方，但是——”说到这儿，毗蓝婆故意停顿了一下。在这停顿的一刹那，善财灵光一闪，其实毗蓝婆也没有输，她是按照最利于自己的方式去稳健地投资，她本身就是一个坚定的胜利者。

想到这儿，善财说：“其实您也没有输，大家都是胜利者呢。”

“善财真是长大了，这一年没有白折腾呀，懂得了适合自己的投资方式就是最好的。当然了，如果你愿意在我的养鸡场打工，我还是随时欢迎的，给你按照正式员工的待遇，每个月8 000元。”

“好呀。”善财非常高兴，这一次比赛真是结局圆满呀。

第十六章 铁扇公主申请了扇子专利

善财11岁了，上了五年级，已经长成一个半大小伙子了，心智越来越成熟，懂的越来越多，对理财也越来越有信心了。

自从执掌家庭财政大权以来，善财对牛魔王和铁扇公主的收入和消费都进行了有效的监督及分配，很有成效。牛魔王每个月的工资7 000元，除了留下1 000元作为零花钱，其余都上交。出于爱子之心和痛改前非的誓言，牛魔王变了很多，精神状态大为好转的他工作重新开始勤奋踏实了起来，很快成为快递公司的业务标兵，全新的快递车后面的标语也从“即使做快递，也要出人头地”改为“快递是风口，勇敢争第一”。

有一天，财灵看到铁扇公主在把玩她自己刚制作的一把芭蕉扇，只见她按了一下扇子底部的一个按钮，芭蕉扇先是从左到右折了起来，接着又从上到下折了起来，最后变成手掌大小，有点像流行的折叠伞。财灵觉得很好奇，又让善财去操作了几遍，收放自如、动作流畅优美。铁扇公主说，她有一天在看电视剧《西游记》时，看到其中的芭蕉扇能够自由变大变小，由此灵机一动，受到启发，自己琢磨了好多天，不断设计和改进，终于在一周前技术成型了。财灵鼓励铁扇公主去申请一个实用新型的专利。过了三个月，有一家生产扇子的公司便找上门来，希望大规模生产。善财了解到，收专利费的方式有两种，一种是一次性买断，以后卖多卖少都和专利发明人没有关系了；另一种是按照销售量提取，卖得越多，发明人挣得越多。在财灵的建议下，双方按照销量进行了分成，每把扇子铁扇公主收0.2元钱。半年后，她收到了第一笔专利费3万元。

同时，铁扇公主依然在经营自己的网店，她的扇子有精美的手绘图案，销量一直比较稳定，每个月为600把左右，每把平均12元钱，除去成本每月也能有5 000元左右的收入。此外，她还提供扇子定制服务，按照客户的个性需求绘制不同的图案，价格就相应翻一倍甚至几倍了。

而定价最高的扇子是有善财陪聊的养老院的老画家的题字的。他以前是国内知名的画家，尤以山水画闻名于世。但后来年龄大了，手有些抖，作画水平就不稳定了。在最近的一次聊天中，善财说到自己的妈妈开网店卖扇子，画家主动提议说自己可以在扇面上作画，以促进销售。很赶巧，财灵前几天还说过东晋大书法家王羲之的故事——王羲之曾遇到一个卖扇子的老婆婆，她因扇子滞销而发愁，王羲之即兴为之题字，使得老婆婆的扇子十分畅销，一时传为佳话。善财循此思路，在网店一宣传，果真反响热烈，第一把扇子就卖了4 000元，当善财按照财灵的建议把其中的3 000元给老画家时，老人说：“双方对半分吧，尽管我不在乎这点钱，但这种方式很公平，况且我也只凭心情画画，难以保证时间，年纪大了，画画就算是一个小的心灵寄托吧，这也算我对你的一点心意。”后来，老人画扇面的扇子陆陆续续又卖出了一些，基本保持一周一把的节奏。即使是这样的频率，对于这个已经80多岁的老人也是一种体力和心力的挑战了。

第五篇

小康界：打好财基再创业

一年后，善财升入六年级。牛魔王一家已经有了50万元了。聚宝盆如下图所示。

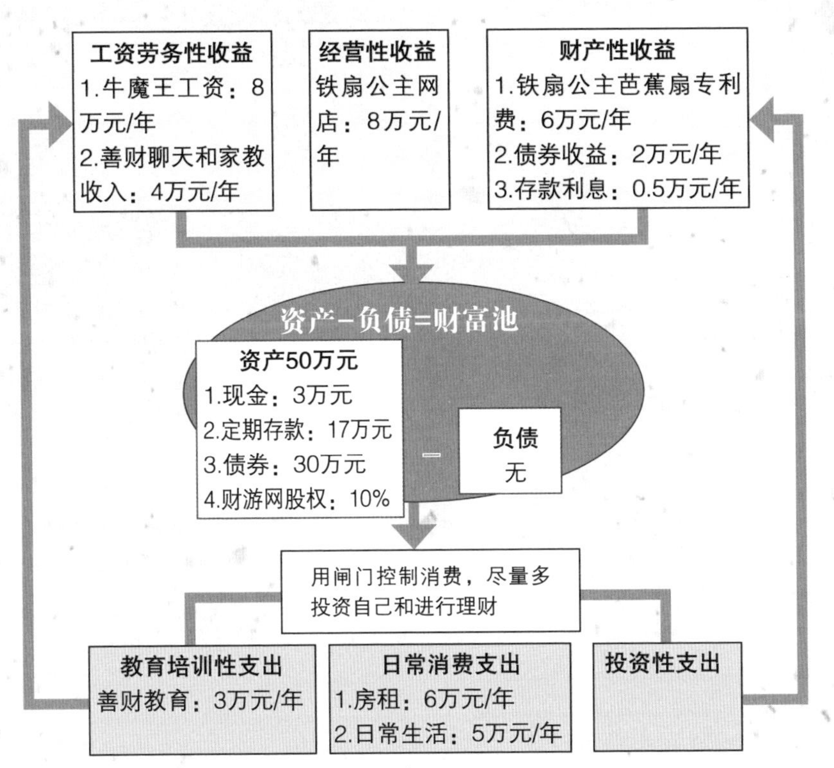

善财家渐丰的“钱江堰”（小康界）

牛魔王一家由此进入了小康界。小康界位于财富山的中间阶层，也是人数最多的地方。居民主要是接受了常规教育、能力发展正常的中产子女（二代或多代），还有一些是接受了良好教育并有较强职业能力的“贫二代”，以及少数“返贫”的“富二代”。从事脑力劳动的人要比温饱界多得多，但也主要靠工资为生。“富有仍嫌不足，但温饱已有余”，表面上看，钱已经够用了，但一旦遇到大的意外，比如家里经济支柱失业、家人患上重病等，都有可能让他们面临困

境。上升到富足界困难，但下滑到温饱界容易，因此，小康界的居民在财富追求和孩子教育等方面很是焦虑。

善财感慨万千：经过一番努力，自己家终于到达了小康界，想想还是挺有成就感的。但是转念一想：要真正得到幸福，还是前途漫漫、压力山大呀。

一天，财灵对善财说："恭喜你进入了唐人国的主流阶层，多亏了你爸爸工资的提升，还有你妈妈的扇子专利以及你新开辟的两个财源。有一些闲钱了，你也具备一定的理财知识了。在小康界，理财要求稳，并尝试培养自己长远独到的眼光，要能发现一些投资机会，并且大胆地去尝试抓住它们。当然，在这个阶段，有一份相对稳定的工作还是非常必要的。如果有机会还可以去尝试创业，一旦创业成功，带来的回报是巨大的。此外，你需要学会投资基金、保险，外汇。基金是相对稳健的投资品种，新手可以借此窥视投资的一些方法和精髓，需要你认真对待；保险是防范风险的好手段；外汇对于一个地球人而言也是需要掌握的。"

第十七章

终于住上自己的房子了

租房时间久了，善财一家每月的房租已经由5年前的3 000元涨到了5 000元，而且还有上涨的趋势。这套房子的价格也是5年前的2倍，已经到了1.5万元/平方米了。终究还是需要有一个自己的家，善财一家开始考虑买一套自住房了。

到底买在什么地段呢？善财就读的才学小学位于才学胡同，处于城市的中心位置，交通很便利。牛魔王一家想在才学胡同附近买一套新房，但周围只有一个新楼盘，铁扇公主一打听，房价居然要2.2万元/平方米，她回来后对家人说“房价真是涨疯了”，而即使就是这个价格，因为僧多粥少，大家还得排队抽签。而牛魔王一家存下的50万元还不够买30平方米的。无奈之下，他们就打算在自己租房的小区里物色一套两居室。

接下来，一家人看了两周房子，终于选定了一套70平方米的两居室，总价100万元。听了房产中介的建议，也咨询了财灵的看法，他们最终付了40万元的首付款，剩下60万元做了20年的按揭贷款，利率是5%。考虑到以后20年利息涨跌不定，他们选择了等额本息的还款方式，每月固定还银行利息4 000元左右（利率4.9%，为3 926元）。家里的50万元存款一次性花掉了（房款40万元、装修费10万元），这样就还剩下11万元的债券投资了。

善财计算了一下，每月的固定收入是能保障4 000元房贷和日常开支的。牛魔王的工资每月能拿出5 000元，加上铁扇公主的专利费和网店收入，以及善财持续多年的陪聊收入，一家人基本每个月能有2万元以上的收入，此外还有11万元的债券每年基本能获得5%左右的投资收入。这样，每个月扣除了房贷4 000元、生活费3 500元，以及善财的培训课费用2 000元，还剩1万元以上作为机动。尽管对于可能的突发事件会有些压力，但是毕竟还有11万元的债券投资可以随时变现，所以基本上问题不大了。

两个月后，牛魔王一家人办理了不动产权证，拿到了钥匙。经过一番耗尽心血的装修，通风放味三个月后，一家人搬进了新房。那天，一家人其乐融融地做了一顿丰盛的晚餐，牛魔王喝了点酒，老泪纵横，大发感慨：自己折腾了这些年，几经风雨，最终还是多亏了自己的儿子善财才能有今天，而且应该还会有一个越来越好的明天，看来善财真是自己的福星呀。从此，牛魔王对善财这个宝贝儿子更是言听计从了。

懒人自有懒办法，基金就是为懒于投资和没有投资能力的人而准备的，其收益通常要高于大多数个人投资者的。你要做的就是选一匹真正的千里马，骑上去就可以了。基金的收益、风险适中，门槛低，基本可随用随取。选千里马要看马本身，选基金主要看基金本身和基金经理。千里马不是永远的，基金也是一样，所以你要时刻警惕，必要时换马前行。

第十八章

基金：登上白龙马的海上捕鱼船

善财小学毕业的暑假，天气出奇的热。有一天，善财正在家里玩乐高积木，财灵突然有些忧伤地对他说："我要离开你一阵子了，每隔一段时间，财神就会召集我们这些财灵一次，每次的目的都不一样，短则半年，长则几十年。同时这也是放开手让你们独立自主地学习理财的一种硬性机制。你要知道，这世界上不只有我一个财灵，其他国家也有，它们都担负着辅助未来投资大师的重任。你已经13岁了，我对你的要求是在一年的时间里学习弄通基金和保险投资。如果你成功了，咱们自然有缘再续；如果不成功，可能咱们就要分手道别了。"

听到这些，善财心里一惊，但也没办法，只能更加好好学习了。再说，吉人自有天相，不是还有其他很多乐于帮助自己的人吗？

真是想睡觉就有人帮铺被子——巧了。周末，善财正在养老院和老画家聊天。画家的儿子突然来了，原来他儿子正是有名的千里马渔船公司的总经理，姓白，名龙马。

白龙马对善财说："我注意到你对投资很感兴趣，也很有悟性；心地善良，也很有耐心。还有，你的名字也真不错。善财善财，善于理财，也有好的财富的意思。我突然有一个想法，我来带你做一个叫'大海捕鱼'的游戏吧。如果你完成得好，我还可以聘你做我们公司的形象大使。"有这么一个好机会，善财当然很痛快地答应了。

白龙马带善财来到一个码头旁，码头上有各种大小不一的渔船，岸上也有很多收鱼的公司和商人，一片繁忙景象。海里有很多船在打渔，它们依据自己的装备和马力，选择在"股海""债海"和"现金海"等不同的海域打渔；即使在同一片海域，也有不同的渔船在来回捕捞作业，有些在近海边打渔，有些还到深海、公海去打渔。白龙马告诉善财，海里有各种各样的鱼、虾、蟹，鱼有普通的小黄鱼、鲅鱼，还会有鲨鱼。海上的天气也时而晴朗，风平浪静；时而恶劣，白浪滔天。

白龙马给善财10万元本金，并对他说："你可以自己亲自去打渔，也可以基金的形式入股各种大小不一的渔船，由专业的渔船船长来掌舵和打渔，只不过这种方式需要交1%左右的手续费。

"不管是自己打渔也好，入股不同规格的渔船也好，捕捞到的鱼都不用发愁卖的问题，在岸上随时有商人收购，而且都是公开公平的市场价格。当然，不同的鱼价格不一样，因时因地价格也会有不同。这一路上，你会有很多同伴，也会有很多竞争对手的。最后就是要看谁能最稳妥地挣到最多的钱。

"具体而言，游戏有三关，每一关有不同的选择。一是你自己考虑是自己单独下海打渔，还是搭伙入股专业渔船；二是什么时候入股渔船；三是具体选什么样的专业渔船。"

第一节　自己下海还是入股专业渔船

一天之后，善财孤身一人站在海岸边，低头看着手上的10万元存折，上面写着自己的名字。这一关该如何选择呢？自己下海捕捞，势单力薄，又没经验，万一在海里遇到各种风险，还不一定能克服。当然，如果自己运气好，一下子捕到几条大鱼或大龙虾什么的，可就挣大发了。而选择入股专业渔船，船家经验丰富，也有更好的捕捞设备，对各种天气信息和海浪潮汐等都比较了解，因此整体更稳妥，风险更小。但不好的地方在于，如果赶上渔情不好，海里的鱼又小又少，捕捞的那点鱼卖的钱还不够交手续费的。此外，万一遇上一个盲目乐观的船老大，还可能在海里翻船呢。

善财正犹豫着，来了两个人，一个名叫奔波儿灞，另一个叫灞波儿奔[①]。他们略微犹豫了一下，就分道扬镳了。奔波儿灞自己驾着小渔船出海打渔去了，灞波儿奔则去找合适的渔船入股了。

善财又在码头徘徊思考了一会，他记起了以前财灵讲过的"社会分工"的说法——专业的事情应该由专业的人去做，每个人都应发挥自己的所长。在海里打渔，尤其是深海里，可是有非常高的技术含量的，对船长的要求也很高——要懂得分析气候和海潮海讯；了解各种鱼的特征和活动规律；懂得怎样和其他的渔船竞争，能独辟蹊径，发现最大、最好的鱼群；一旦发现，要知道该采取什么样的策略，捕捞到最值钱的鱼；还要懂得怎么能卖出最好的价格。所有这些，都需要团队分工协作——有人做参谋负责研究分析，有人做领导负责决策指挥，还有人去执行捕捞任务。此外，专业的渔船公司还有单个渔夫不可比拟的优势，一是享有个人很难具备的信息优势和时间优势，股东可以第一时间享受到各种鱼类分析机构的研究服务；二是享有个人

① 祭赛国乱石山碧波潭的两只鱼精。后来一个被割了嘴唇，另一个被割了耳朵。

渔船不具有的捕捞设备，比如可以用很大的网，可以到远洋去打渔，船装的鱼更多，而且鱼的价格也有保障。事实上，从善财了解的情况来看，中长期以来，专业渔船的平均收益要高于个人渔夫的收益，也要高于市场所有参与者的平均收益。

于是，思考再三，善财最终决定还是选择专业渔船，省时省力，况且大概率比自己要挣得多，何必自己瞎折腾呢？自己可是对捕鱼一点不了解，是个完完全全的新手。

定下来后，善财在码头边来回溜达，只见这里车水马龙，好不热闹，各种吆喝声此起彼伏，有说自己的渔船设备先进的，有说自己的船长经验和技术世界一流的，有说自己的入股费最便宜的。当然，还有很多夸自己公司实力雄厚的。

善财再看看同行的灞波儿奔，已经和一家渔船公司签好代理合同，爽快地把钱交给一个前一年度的明星船长了。这位船长刚刚获得了冠军，目前风头正盛，媒体舆论对他是一片英明神武的赞扬。不到三天，这位船长就已经募集了100亿元资金了，吓得公司赶紧说“不再收钱了，不再收钱了”。这可真是一艘超巨型的渔船呀。

第二节　何时行动

善财先不去理会这些，他现在关心的是该什么时候入伙。反正一年的时间够长，如果着急入了股，船下海了遇上恶劣天气怎么办？万一渔情不好，没有大鱼怎么办？或者捕到的鱼卖不上价怎么办？这种事情以前发生得太多了。现在的气候是否适宜？这一点才是自己最没把握的。突然，善财灵机一动：“可以问问白龙马先生呀。”他启用了聚宝盆上的视频通话功能，接通了白龙马的电话。

白龙马说：“要准确判断气候太难了，你懂的，最不准的就是天气预报。但是，还是有一些征兆可以帮助我们提前察觉的。我给你讲一个小故事吧：有一个瘸子听到邻村正在唱社戏，费劲巴拉地赶去观看，可刚赶到戏台前，好戏就快散场了。在股海边，我们也经常看到‘瘸子赶戏’的现象，最明显的就是追涨和杀跌。当股海大热、渔船很挣钱时，你能很明显地感受到大伙对于入股渔船的亢奋情绪，哪怕平常从没有涉猎过打渔的人，也能随口说出几种热门的鱼名和几艘船名来。而这种时候，各家渔船公司也会往股海里发很多趟渔船，挤得码头和海里都乌央乌央的。有时大伙入股渔船的热情实在太高了，都得排队；有时光排队还不行，

还得抽签呢。你说容易吗？但是，好不容易入股渔船了，投资者以为万事大吉，结果却可能很不妙。你现在随便查一下以往各明星船长的业绩，那些市场大热时发的渔船普遍是输的多，赢的少。这是投资者的悲剧，但有多少人能够避免呢？几乎每一次都有很多人重蹈覆辙。”

听到这儿，善财瞅了瞅自己所在的码头，入股的投资者还真不少呢。看来现在热度有点过火，投资的风险也不小。

白龙马接着说：“入股渔船的时机错位一直存在。要破解这个难题，既需要管理人有良好的价值观，也需要投资者不断提高认知水平。总之，要记住一句话——如果大家都在抢着入股渔船，你就行行好，留给别人一个购买的机会；如果产品卖不出去时，你就再行行好，帮人家买一点。”

“这不是很简单吗，大家只要遵照着这样做不就行了吗？”善财心存疑虑。

白龙马回答：“这其实非常不容易，这关乎人性，普通人是很难逃脱羊群效应的。羊群是很散乱的，平时在一起也是盲目地左冲右撞，但一旦有一只头羊动起来，其他的羊也会不假思索地一哄而上，全然不顾前面可能有狼或者其他的危险。投资者在很多时候也是这样，也是非常盲目的，这样就很容易发生‘踩踏风险’。相反，如果逆势而行，胜算会更大一些，这就是大家通常所说的逆向思维和逆向投资。这一点，你以后在股海中投资会感受更深的，这也是出奇制胜的一个法宝。”

善财一边和白龙马聊天，一边又看了看码头，人还是那么多。那就再等等看吧。就这样，善财每天一边学习打渔的基本知识，一边感受着码头人流的变化，渐渐地，他发现人越来越少了。又过了三个月，码头除了几艘待发的渔船的船长，几乎没有别的人了。善财看了看鱼类价格指数，已经从高位快速跌了20%了，这一次大跌，很多鱼的价格都跌了40%以上，而不少渔船的入伙净值也跌去20%以上了。从车水马龙到“门前冷落车马稀”也就不过三个月，市场真是变幻莫测，目前也基本在低位来回小震荡了。善财想："该是要出发的时候了吧。"

第三节　如何选好专业渔船

时间选好了，也定好了在股海里打渔的渔船类型了。但具体该选哪艘船呢？上千种新旧渔船和船长的组合，真让人眼花缭乱、昏头涨脑。但让善财稍微有些安心的是，有专业的评级机构来给这些渔船评级，按照业绩优劣和业绩稳定与否等指标，分别给予1—5星。星级越高，相对而言就越值得投资。

渔船分很多种，有第一次启用的，一般对于这种新产品，公司多半会不遗余力地吆喝。还有很多老船长驾驶的老渔船，船长和渔船磨合好几年了，他们打渔挣钱的历史有据可查，船长的资质、既往业绩和具体排名同样一清二楚。对这种渔船，公司一般放手不管，让业绩自己说话。但是对其中业绩特别占优的明星级的渔船和船长，公司当然也会大张旗鼓地进行推销，因为渔船可以随时随地接受新的资金入伙，多一些资金，就能多挣手续费。

这不，有一家公司正在宣传他们的明星船长。在过去一年里，这个船长驾驶渔船走了一条非同寻常的路，捕捞了很多新奇而后来成为大热门的鱼，结果挣钱最多，投资者的收益都翻倍了。善财仔细一看，还正是白龙马的千里马渔船公司旗下的船长，他不禁非常动心。

但当善财把自己的打算告知白龙马时，尽管是自己旗下的公司，白龙马却不置可否，另说了一番话："你先别忙着定。市场上每年都会产生股神、私募冠军、'一哥''一姐'。当他们新鲜出炉时，他们所属的公司就会大肆宣传，让其戴高帽、骑大马，满大街游行，借此机会大赚人气，新发更多的渔船，以募集更多的资金。这种高调亮相的机会，极少有公司会轻易放过的。

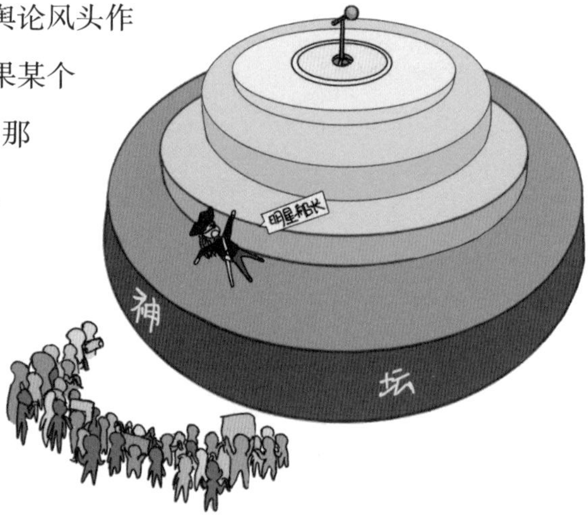

所以，千万不能把媒体报道和舆论风头作为决策依据，一段时间内，如果某个明星船长频频占据新闻头条，那你更要保持警惕，因为就像电影明星的炒作一样，大概率表明这家伙要发新电影了。但过一年再看看，这些明星船长中很大一部分可能已经跌落神坛，有些甚至都跌到深深的烂泥坑里去了。对于这些船长，好的时候我们不必神话，差的时候也无须踩踏。业绩是由能力和运气共同主导的，短期内好的业绩，我们很难区分是运气还是能力带来的。譬如足球赛，单场淘汰赛容易爆冷，多场次的联赛结果才能大体反映球队的能力。因此，如果你接受这种短期业绩表现的随机性，又能从长远来规划自己的投资和选择管理人，就在大概率正确的道路上迈出了第一步。当然，如果你自己本身就是个投资高手，你又何必入股渔船呢，自己直接下海捕捞岂不更好？

“记住，常人在对于新事物的认知上，通常体现出高估短期却低估长期的特点，生活中这样的例子比比皆是。比如一家公司出现了一次危机，股价大跌，投资者相信这家公司恨不得明天就会破产。但是长远来看，它依然会走在正常的轨道上，价格也会再涨起来。”

“那么，应该如何挑选一个好的船长呢？”善财问道。

“这我还是有发言权的，主要从五个方面去评估。一是长期投资业绩。至少需要3年以上的业绩，才能大概率过滤掉运气成分，当然历史业绩越长越具有代表性。如果3—5年的年复合累计净值增长率没有超过指数基金（如沪深300指数），大概率说明不合格，应该直接不予考虑。二是投资逻辑。优秀的投资者需要具备扎实的逻辑推理能力、概率思维、企业价值分析能力，从而规避很多投资陷阱，提前发现许多好的投资机会；能不被市场波动和周围人的看法影响情绪，独立思考，能够从根本点出发多角度地进行理性思考。三是学习能力。投资者要面对许多新知识，处理许多新情况，依靠的就是持续的学习，大量阅读、勤思考。只有学习能力强的船长才能持续捕捉投资机会，创造长期超额收益。四是长远眼光。不畏浮云遮望眼，风物长宜放眼量。短视是人类进化留下的缺陷之一。在投资领域，立足长远来评估企业价值，非常困难，但恰恰是最为重要的一点，也是超额收益的主要来源。而投机往往是短视的结果。五是渔船公司实力要雄厚，管理要规范，激励机制要到位。这些决定了人才队伍的高水准和基金业绩的持续性。”

一番长谈，让善财回味良久。于是，善财以此五点为线索，依次评估该明星船长。善财先仔细看了看这位船长最近5年的情况，业绩还真是不错，排名一直在前1/3。再看看他的一些访谈和报告，逻辑清晰，眼光独到，有自己独立的想法，也有在逆境中坚定持股的勇气。有一段访谈很有意思，这位船长说：“自从15年前一只脚踏进这个行业，我就从来没有在晚上12点前睡过觉，凌晨两三点睡觉是家常便饭。大学时我可是个帅哥，现在成刘罗锅了，不过这个锅是安在肚子上面。头发都只掉不生了，别人对我的称呼也从以前的‘帅牛’变成现在的‘老牛’了，我还不到40呢。”善财又想：“白龙马管理的公司，也差不到哪里去。”于是，善财决定用拿到的10万元入股这只名为“千里马三号”的渔船了。

入股渔船的钱，又叫作基金。基金具体如何买卖？它的价格是怎么确定的？基金又是如何募集的呢？这些问题都需要弄清楚。这不，白龙马又给善财讲解开了：“假如买一个基金份额需1.01元（1元是本金，0.01元是手续费，股票型基金的手续费一般为本金的1%左右），现在你有1 010元，可以买1 000

个基金份额。这样，你1 000个份额，他1万个份额，份额就越来越多。最后我们假设渔船公司共募集到了20亿个基金份额，因为每个份额是1元，所以基金总资产就是20亿元。经过半年的有效运转，总资产升值到了24亿元，而假设中途没有人买卖份额的话，份额依然是20亿。这样，平均每份资产就由刚开始的1元变成了1.2元，这1.2元就叫基金净值（渔船公司每个交易日都会公布前一交易日的基金净值），每个份额挣的这0.2元钱就完完全全归你，渔船公司只收管理费（一般每年为0.5%—2%）。有时，我们可以说一个基金份额就像一棵小树，如果基金运作有方，小树会慢慢长成大树的，当然也有可能枯萎死亡。”

善财问：“那么，在这个过程中，投资者按什么价格来买卖基金呢？”

白龙马回答：“按照基金净值。但因为基金每天的净值都有可能不同，且当天的净值只有到收市时才能计算出来，所以投资者买基金时，并不知道当天的基金净值是多少，也就是说用固定的钱，却不知道能买多少份基金。赎回（即卖给渔船公司）时情况相反，你知道你有多少份额，但因为当时净值不明确，所以你不知道能换回多少钱。”

善财问：“假设每份基金的净值由刚开始的1元变成了1.2元，这0.2元钱怎么落到你口袋里呢？”

白龙马回答：“有两种方式，一种是分红，另一种是把基金份额卖给渔船公司，自己挣差价。股票挣钱了要分红，基金也是一样，分红也有两种方式，直接划到你的资金账户或者把分红的钱折算成基金份数再投资，如果用后一种方式，总的基金份数就增加了，比如说你分红拿到了120元，假如当时净值是1.20元，基金份额就增加了100。”

善财问：“如果我需要钱，或者说我想买更好的基金时，怎么办？”

白龙马回答：“很简单，按照当时的基金净值把这些基金份数再卖给渔船公司，就能拿到钱了。挣的钱不用交税，但是，万一亏了，也是你自己承担。”

善财问：“那么，渔船公司会不会卷款而逃呢？这种事在很多行业还不少呢！”他比较关心这一点。

“不会的。资金仍属于投资者所有，由托管银行保管，而渔船公司只负责基金的投资运用。托管银行一般是国有大银行，信誉很有保证，至于渔船公司可以说连钱都见不到，更不用说打什么歪主意了。”白龙马说。

第四节　打造自己的基金组合

在很多情况下，光买一只基金是不够的。毕竟除了股海，还有债海、货币海等可以打渔，它们出产不同的鱼，渔情也不一样。股海没有鱼或鱼的价格太低，债海和货币海里的鱼可能就会多起来，价格也可能涨起来了。因此，需要组合搭配，这是减轻投资风险，也是追求稳健收益的好办法（见图18–1）。

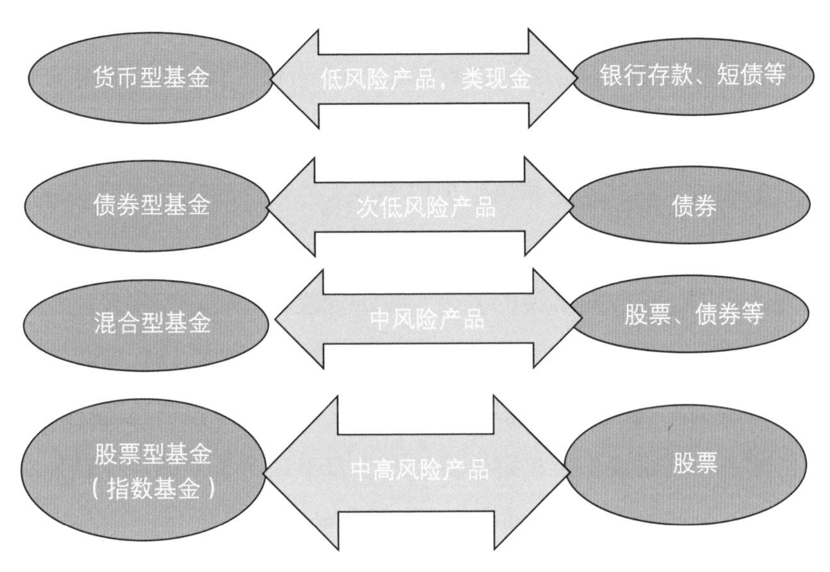

图18–1　基金类型（按投资品种分）

对于一般家庭而言，除混合型基金或债券型基金外，还可以配置一小部分高风险、高收益的股票型基金，来调节收益水平。投资者应先设定可以承受的最大亏损幅度，原则是即使出现亏损也不至于给自己带来内伤；相反，如果出现超额收益，则整个组合的收益率将会提高。除此以外，家庭可以根据日常需求，预留应急准备金（一般为半年的收入）以维持生活用度，这部分资金可以购买货币市场基金或短债基金，因为二者流动性好，且无手续费。

一旦市场从牛市到熊市，投资策略也应从“进攻”转为“防守”，比如更多地持有债券型基金和货币型基金，而对股票型基金则应谨慎。而当股市向好时，则宜将债券型基金、货币型基金置换成股票型基金，以享受基金净值增长带来的投资回报。一般情况下，最好在同门基金中进行转换调整，以获得手续费优惠等。

此外，分级基金也很有特色。简单地说，就是把一只完整的基金劈成A、B两半。A类一般求稳，类似于债券，收益比较固定，流动性也好，是很多低风险投资者和追求固定收益的机构的最爱；B类本质上是以基本固定的利率向A类的投资者借钱去投资（不管盈亏，利息都是要还给A类投资者的），等于加了杠杆去投资，因此收益和风险都成倍放大，这比较适合冒险型的成熟投资者。

此外，我们还可以对常说的基金定投进行改良升级，即将普通的“定期定额投资”变为“定期变额投资”，即在市场处于低位时增加定投资金，而在高位时减少定投资金，从而提高盈利能力。定期变额投资法是定期定额投资方法的改进，不难操作，投资者只要对大盘平均市盈率的变化稍加关注就行了。当然，图省事的话，定期定额也是不错的选择。

第五节　甩手掌柜要不得

弄清了如何买卖之后，善财买了10万份基金（花去了101 000元），心里不禁松了一口气。

但是，白龙马接着说了："别以为买完基金就可以当甩手掌柜了。"

"基金投资不是很省事吗？我买了，就那么放着不动就好了。基金不也要遵循长期投资原则吗？"善财说道。

白龙马继续解释："长期投资不等于一劳永逸，做甩手掌柜。当然，总心猿意马，在不同的基金之间换来换去，也不对。因为世界上的一切都在变，你个人也在变。当情况发生变化时，我们也要适当地调整我们的投资，比如随着年龄增长，我们对风险的承受力会相应地越来越弱，投资也倾向于越来越保守，就可以从成长型基金渐渐向收益型基金过渡。同时，自己的投资目标也可能会变化，供一套房和攒钱去玩一趟的投资方式当然有不同。

"有时，我们所投资的基金也会不断变化，比如渔船公司的状况变差了，换了一个表现欠佳的船长等，这时就要悬崖勒马，当机立断，换成其他基金。有时，我们还需要选择基金买卖的时机，努力做到'低买高卖'，这就需要分析经济运行所处的周期。若处于经济衰退和谷底阶段，应提高债券型基金投资的比重；若处于经济复苏和扩张阶段，应加大股票型基金比重。

"当然，如果你觉得判断经济周期还是太麻烦，那么可以选择上面说的定期定额的投资方式，也就是定期用同样多的钱去买基金，这样可以摊低成本，同时又不会错过市场的高涨期。这种情况下，越早开始越好。投资的路上，晚一步出发，可能要花一辈子去追！

"一般来说，在股票型基金、债券型基金和货币型基金三种基金中，第一种更需要投资者的积极主动性，因为其风险大，变化也快；而后两种相对就要稳定一些，投资者不宜有过多的操作。”

第六节　三人投资回报PK

自从善财买了这一只基金后，时不时地关注着基金动态，而渔船公司也会定期给他发信息通报情况。三个月过去了，赶上鱼类价格反弹上涨，由于低位建仓，善财买的基金涨势不错，已经涨了15%了。这个成绩能进入同类基金的前1/10了。但是市场并没有一路高歌，紧接着的一个月里又来了一次下跌，指数下跌5%。由于市场风格变化太快，“千里马三号”没有及时应对，基金净值下跌8%，投资者纷纷赎回。但善财不为所动，又过了三个月，基金净值稳健回升。年底排名，该基金排在同类基金的前1/4，共获得25%的收益，比对应的市场指数8%高出了17%，这真是一个很不错的成绩。

此外，善财听从千里马的建议，定期定额投了一只股票指数型基金（见图18–2）。选择指数基金，可以分享指数上涨的好处而避免选错股的风险，省心省力。价格高位时，用一定的金额，自然买的份额就少一些，而在价格低位时自然可以多买一些。一年下来，收益也不错。而那个在市场大热时搭上一年前冠军船队的灞波儿奔，在买之后不久就赶上了市场大跌，尽管船长后来百般努力，还是无法补救，结果一年下来亏了25%，再次应验了“头年冠军第二年大亏”的魔咒。至于那个一开始就选择亲力亲为的奔波儿灞，自己在股海里追涨杀跌，结果同样亏了20%。

善财暗想：“看来自己当初还是决断正确，选择的基金也不错，真不枉白龙马的一番指导。”白龙马当然也没有忘记当初对善财的许诺，让他当了千里马渔船公司的形象大使，当初给善财的10万元基金就作为代言费送给了他。

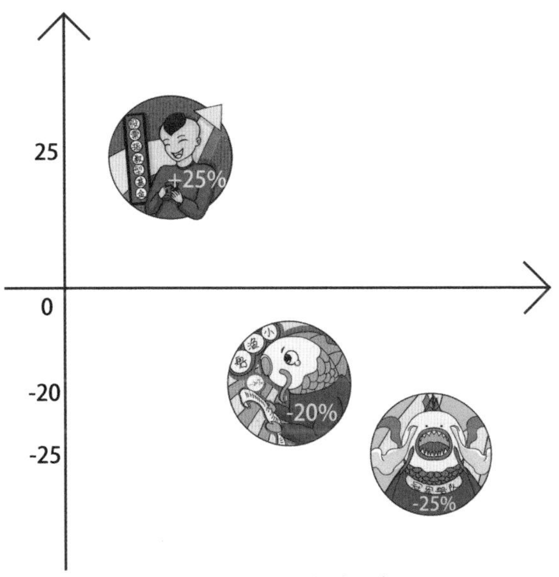

图18-2　三人投资回报

第十九章

五个小伙伴都面临成长路上的难题

善财小学毕业时，因为成绩优异被保送进入了才学中学，另外四个小伙伴也升入了各自的中学。但由于生活境况和日常圈子等不同，大家很少联系。进入中学后，善财的成绩依旧在班里名列前茅，也还是上着课外培训班。他的心智比同龄的孩子更成熟，对理财学习和实践的兴趣也更浓了。

升入初中后，孩子们的学业负担加重了，压力越来越大，明的暗的竞争在各条战线进行着，要玩就得挤时间。有人总结道："在学校的时间属于老师，在家的时间属于作业，而周末的时间则要用来满足父母的期望。"但孩子毕竟还是孩子，好玩的天性始终是压抑不住的。网络游戏更是盛行一时，他们沉浸在《我的王国》，追求《帝者之光》。尽管父母给的零花钱也比以前多了，但很多同学除了买零食玩具，余下的都用来买游戏装备了，因此钱总是不够花。"零钱真是少，处处花没了；夜来风雨声，明早要吃草"的顺口溜也就在学校流行起来。

不知从何时起，善财也开始迷恋上玩游戏了。有一段时间，善财沉浸在《我的王国》，一回到家里只想打开电脑玩上几把。到了学校，同学们又三三两两凑在一起口说游戏——参照各种流行网络游戏的大致框架和情节安排，设定每个人的角色和任务，一问一答，不断发展升级。两人有两人的玩法，多人有多人的玩法，甚至还分不同的小组比赛。铁扇公主见善财回到家就沉迷于游戏，只得修改了iPad的密码，可每次善财很容易就破解出来了。但有一次，善财怎么也破解不了，只好缠着铁扇公主要密码，被逼无奈，铁扇公主只好说："善财好好学习。"可善财缠个没完，后来才知道，密码就是"善财好好学习"的拼音。

一天，善财正在家里玩《帝者之光》，因为玩得不多，所以他的水平不高，一下就被对手给打趴下了。这时，一个网名为"命好挡不住"的玩家给善财发了一条信息："你要我教你吗？我可是超厉害玩家哟。"善财欣然同意。两人联手，所向披靡，打得对手丢盔卸甲。胜利之后，对方告诉善财自己本名龙命子。原来遇到老朋友了，善财高兴坏了。

龙命子已经上初二了，他天生就爱玩游戏。因为家里条件好，父母也很开明，认为游戏是未来世界主要的教育和生活方式，需要提前适应和掌握相关技能，所以，龙命子很早就接触了各种游戏，从小学二年级开始学习计算机编程，到现在已经有五年了，水平那可是杠杠的，还得过全国乐高软件编程大赛的第一名。

自从善财和龙命子网上重逢之后，总在周末一起玩网游，打败了许许多多的对手，水平和等级越来越高，当然在其中花的钱和时间也就越来越多了。到后来，善财一门心思都陷入其中了，学习成绩也有所下滑。

有一天，善财正玩着游戏，突然弹出一条新闻，标题是“猪情戒为情所困，小明星自废武功变小肥妞”。主人公居然是那个自号“小香主”的“小香猪”。善财和龙命子都知道，猪情戒在入选理财小组之前就被星探看中，演了《少年哪吒》里的哪吒而一炮走红。后来她又连续主演了几部童话题材的电影，名气蒸蒸日上，片酬也水涨船高，从刚一开始的一部电影10万元，到现在的一部电影200万元。可未来星途坦荡的猪情戒却和一个冉冉升起的足球明星谈起了恋爱。猪情戒的妈妈很生气，自己的孩子年龄太小，而且学习和演影视剧都忙不过来呢，谈的哪门子恋爱？为此横加阻拦。双方粉丝也开始互相声讨，因此两人无奈只能断绝关系。而初历情事的猪情戒悲痛欲绝，学校的功课和计划中的几部电影都耽误了，天天暴饮暴食，很快就成了一个小肥妞，自己的明星之路眼看也快断了。

祸不单行。一周后，网上传来唐企僧的父亲——著名企业家唐长生自杀的消息。据媒体披露，唐长生多年来一直致力于研发延长人类生命的不老药，并且在动物身上取得了成功，但在人体实验时却发生了意外，让两个自愿加入的实验者变成了吸血僵尸，唐长生无奈之下只好上报有关部门，对他们实施了安乐死。这个实验极大地震惊了世人，从而导致实验结果被封存，唐长生的企业也濒临破产，内心羞愧的他服毒自杀。一贯生活优渥的唐企僧受此重创，也变得意志消沉，好在他还有孙智圣陪着。孙智圣是因为获得了全国初中生“生命科学探索大赛”第一名而被唐长生看中，把他带到身边，当作未来的长生不老药的研发好苗子而加以着力培养的。这次恩师去世，孙智圣也心神失常，一时难以从悲痛中走出来。

仿佛是老天有意安排，五个小伙伴都在这段时间里遇上了不一样的问题，需要他人指点开导。而一直密切关注他们成长的财神自然会伸出援助之手。

人生，就是在未知的丛林中穿行，周围不断有或隐或现的“蛇”出没。穿上“保险”这套盔甲，就可以放心大胆地往前走，保险本质上是一种克服人性、着眼长远的强制安排。因此，保险适合所有觉得人生存在不确定性的人。只不过，不同的人不同时期需要不同材质和型号的“盔甲”。如果盔甲太重，会影响前进速度。同样，买保险，合适、够用就行。

第二十章

保险：挽救财灵和小伙伴们的冒险之旅

根据财神的指示，五个身处不同困境的小伙伴启程去寻找财神。财灵在离开前告诉过他们，财神殿座落在小康界一座偏僻的神秘高山上。要到达财神殿必须经过四大难关。第一关是七绝山洞，里面有一条吃人的大蛇；第二关是毒气湖；第三关是通天河；第四关需要穿越一条时光隧道。经过这四关之后，才能找到财神殿。

尽管路途艰险，但善财为了让财灵回到自己身边，也为了解决每个小伙伴面临的成长中的难题，和大家决定，必须冒险启程。

第一节　靠保险金长大的姐弟俩

经过一周的准备，小伙伴们备齐了各种行程装备，如保暖衣物、防毒口罩、手电筒等。一个风和日丽的早上，五个小伙伴出发了。他们先坐火车到了一个集镇，在那里补充了一些食物和水，之后坐着马车踏上了一段丛林之路。马车夫是一对年轻的姐弟。一路上，大家相互交谈，熟悉了起来。姐姐叫一秤金[1]，弟弟叫陈官宝。因爸爸去世，姐弟俩在有旅客时当马车夫，无旅客时就到蛇多的地方去抓蛇卖，日子过得倒也不错。由于锻炼出抓蛇的好本领，由此一秤金有了一个"蛇女"的外号，渐渐地，她的真名反而不为人所知了。

从10岁起，蛇女和小自己2岁的弟弟每月都会去离家5千米的小镇银行取远在他乡工作的爸爸寄来的生活费。直到蛇女拿了大学录取通知书的那天晚上，妈妈才告诉姐弟俩真相。原来蛇女出生后，她爸爸就给他自己买了一份保险，弟弟出生后，爸爸又一次给自己增加了保额。有一次，爸爸被派到外地公干，遭遇车祸身亡。但坚强的妈妈给孩子们编织了一个美丽的童话，让他们相信爸爸一直在外地工作。其实，他们每个月去领取的，是保险公司支付的保险金。

"其实，人的一生就像在未知的丛林中不停地走，而丛林中总有蛇出没。一不小心，蛇就溜出来咬你一口。人生的许多意外就是这样发生的。"蛇女说。

"你说得太恐怖了，没这么可怕吧？"小伙伴们不敢相信。

蛇女说："很多时候，风险是不可控的，甚至提前知道了都躲不过去。接着，蛇女给大家讲了一个古希腊悲剧作家埃斯库罗斯的故事。

一天，一个术士警告埃斯库罗斯说，埃斯库罗斯住的房子将要倒塌，他会被砸死。于是埃斯库罗斯立即离开城里的家，把床放在旷野上，露天而睡。一只老鹰抓着一只乌龟飞过那里时，见到埃斯库罗斯光

① 陈家庄员外陈澄之女。陈澄修桥补路，建寺立塔，布施斋僧，有一本账目，到生女之年，刚好用过三十斤黄金。三十斤为一秤，所以女儿唤名一秤金。

秃秃的头，好像一块大石头，就把那只乌龟丢到埃斯库罗斯的秃头上，想把乌龟壳敲碎——可怜的埃斯库罗斯就这样失去了生命。

听完故事，大家都惊讶地张大了嘴巴。这位作家真倒霉，这种事情都能发生在他身上。还有，这位术士也太神了吧。

蛇女接着说：“保险就是备用胎，就是预防针，就是降落伞，拥有它，才能生活得安心、快乐。而人生路上，主要有两大类蛇，分别与人的寿命和财产相关，我们把它们分别叫作寿蛇和财蛇。”

“真有意思，我从来没听说过还有这样的蛇。”善财惊讶地说。

蛇女说：“我们先从财蛇来说。财蛇主要针对你的财产，时时刻刻想着怎样把你心爱的房子、车子什么的，吞进肚子里去。财蛇相对于寿蛇来说，比较好对付。”

“我明白了。那么寿蛇又是什么呢？”善财问道。

蛇女说：“寿蛇主要针对你的生命和健康，比如人身安全、养老什么的。如果自己不加注意，很容易就掉进寿蛇张开的大口中去。寿蛇又分为三种，分别是意外蛇、疾病蛇和养老蛇。当然，还有一些由这三种蛇不断杂交出来的蛇，种类就多了去了。”

“那你给大伙儿讲讲。”善财继续鼓励她讲下去。

蛇女说：“其实，人的一生很容易发生意外，比如车祸、摔伤什么的，这些都是意外蛇活动的结果。而疾病蛇就更常见了，人吃五谷杂粮，怎能不生病？尤其是现代社会，污染严重、竞争压力大，所以疾病蛇比以前活跃多了。至于养老蛇，它和意外蛇、疾病蛇有些不同，相对来说隐藏得更深一些，许多人直到老了才发现它的存在，人还在，钱没了。它让人老无所依，晚景凄凉。”

“你刚才说还有一些由这三种蛇杂交出来的蛇，能给我们说说是怎么回事吗？”善财接着问道。

“好的，比如说一个人被意外蛇咬了一口，没有完全康复，留下了病根，这时就是疾病蛇在活动了。而这个人到了老年时，可能连吃饭的钱都没有，更别说看病了，这时就是疾病蛇和养老蛇一起在咬人了。”蛇女回答。

善财感慨道：“噢！我明白了，人生步步皆是蛇呀！”

听了这句话，几个人都大笑了起来。

最后，蛇女说道：“一路上，你们需要躲过七绝山蛇怪，经过毒气湖，渡过通天河，穿过时光隧道。凶多吉少，稍有不慎，就有可能遭受灾难。但是，别担心，保险可以很好地对付这些蛇。对不同的蛇我们可以用不同的保险去对付，可以说，合适的保险是这些蛇的克星。比如说，我们有意外险对付意外蛇，疾病险对付疾病蛇，养老险对付养老蛇。”

第二节　七绝山每年吃三人的大蟒蛇

三个小时的行程就在蛇女的故事讲述中飞快地度过了，中午时分，一行人来到了七绝山前。山中有很多柿子树，缀满果实，像一个个小灯笼，很是好看。

但是，七绝山可不安全，对有些人而言就是绝路了。据说不知从何时起，一只貌似大有来头、身长10米、法力巨大的大蟒蛇开始盘踞于此，吃了好多人，使得财神殿的香火几乎断绝。对蛇怪打又打不得，赶又赶不走，财神没办法，只好请其他神仙来一起和蛇怪谈判，最终达成了一个协议——允许蛇怪在每年去朝拜财神殿的1 000人中吃3个人。尽管有3‰的概率有去无回，但是参拜财神殿带来的巨大回报还是让很多人冒险一行。财神自我安慰道："有此考验方能更显膜拜者的诚心，这也是好事。"就这样，财神殿的香火才得以慢慢恢复。

听完后，五个小伙伴心都提到嗓子眼了。硬闯不是办法，自己根本不是它的对手。尽管概率不大，但一旦碰上，自己就得死翘翘了，对家人也是沉重的打击。那可怎么办呢？

"买保险呀。"蛇女参照给其他香客的保险方案，给他们出了三种：定期死亡寿险、终身死亡寿险、两全保险。她给每个人一张纸，上面有这三种保险的介绍（见图20–1）。

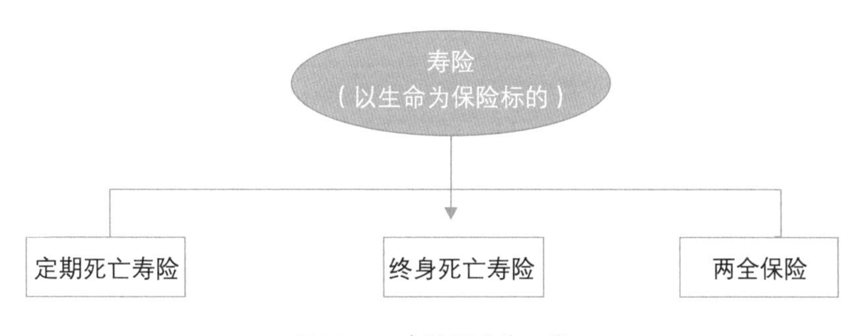

图20–1　寿险细分为三类

定期死亡寿险提供被保险人在特定期间死亡给予赔付的保障，一般价格低廉，适合收入较低或者短期内要承担一项危险工作的人士购买，一般被认为是无任何投资功能的"纯净"的保险。这种保险主要是给家庭支柱买，受益人是家人。这是为了防止家庭支柱不幸去世后，给其他家庭成员造成巨大的经济压力。这种保险的保障范围比较明确，一旦被保险人死亡就给予赔偿。所以，保额和保费的性价比是选择的主要因素。

终身死亡寿险提供被保险人终身的死亡保障，保险期间一般到被保险人年满105周岁时止。无论被保险人在105岁前何时死亡，其受益人都将获得保险金。如果被保险人生存到105岁，保险公司给付被保险人一笔保险金。由于不论被保险人何时死亡，保险公司都要支付保险金，所以终身死亡寿险有储蓄性质，其价格在保险中是较高的。这种保险有现金价值，一般可以提供保单贷款服务，也就是可以以此为抵押进行贷款。

两全保险也称“生死合险”或“储蓄保险”，无论被保险人在保险期间死亡，还是被保险人到保险期满时生存，保险公司均给付保险金。这种保险是人寿保险中价格最高的，因为它既可以提供老年退休基金，又可以为遗属提供生活费用。蛇女的爸爸以前就是买的这种保险。

待小伙伴们看完介绍，蛇女说：“这三种保险基本上都围绕寿命来展开，保障期限和价格也不一样。你们怎么考虑呢？”

“因为我们带的钱不多，就先买一个为期7天的寿险吧。”善财说。

“哎，我们还真没有这么短的短期寿险呢，一般都是一年以上的。不如你们买一个意外险吧。一旦出现去世、身残等都可以有保障。意外险保费低、杠杆高，是买保险的入门好选择。短的可以保7天，长的可以保一年以上。一顿饭钱就够了，你们都可以负担得起。”蛇女介绍道。于是，五个小伙伴每人花了20元买了一个为期7天的意外险。

带着保险上路，大家心里果真踏实多了。当走过蟒蛇的洞穴时，大家蹑手蹑脚，还偷偷地往里看了几眼。蛇女说：“蛇可能还在睡觉，也可能飞升到别处游荡去了。”幸喜无事，众人安然度过。毕竟概率只有3‰，如果真被蛇吃了，那也跟中彩票似的。

第三节　穿越极易致病的毒气湖

两个时辰之后，众人来到了一个大湖边。湖面上一片淡紫色的雾气微微飘动，众人隐隐能闻到一股腥臭味。

蛇女说："这是瘴气，经过无数年岁月的累积，极为浓郁，大家要小心一点。一旦不小心吸入，有可能会致病。如果吸的多了，当时就会发作；如果吸的少，积在体内，日后被风寒等因素引发，也可能致病。一旦致病就很麻烦，费时费力，病人也遭罪。"

应对这种情况有健康险，健康险具体又可以细分为医疗保险、重疾保险、护理保险和失能收入损失保险等（见图20-2）。

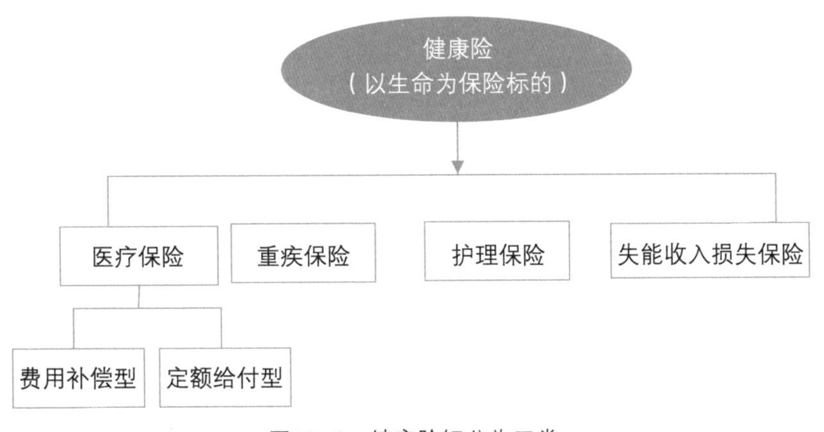

图20-2　健康险细分为四类

医疗保险又可分为费用补偿型与定额给付型。前者是指总的补偿金额不能超过被保险人的实际支出，如果是在多家保险公司投保，则各家公司按比例赔付。而后者是指根据事先约定的保险金额给付，投保的保险金额高，则给付高；如果是在多家保险公司投保，每一家保险公司都将按照投保的保险金额如数给付，因此定额给付型保险是有可能额外挣钱的。目前，上百元的价格，有时能买到上百万元的医疗报销额度，而且报销范围广，不限城市、病种、社保用药，进口药、自费药均可报。但是，尽管医疗保险的名义保额非常高，但是首先需要扣除社保已经报销的部分，且大多数还有1万元的自付额限制，之后才是商业医疗险给报销的部分，而这部分在大多数情况下是花不到100万元的。另外，切记需要拿着发票找保险公司报销，包括医保不能覆盖的自费药。

重疾保险是一般家庭的顶梁柱必备，也是普通人该重点配置的险种。重疾不仅会导致高额的治疗费用，而且一般有3—5年的治疗期，被保险人损失的工作收入和花出去的疗养费用也不低。所以买重疾保险就是买保额。长期重疾保险最大的好处是，确诊即赔付，而且没有断保的风险，每年保费一致。在购买重疾保险时，需要重点考虑保费合理、保额充足、符合投保条件等因素。

话说回来，好钢就用到刀刃上，购买返还型的重疾保险要慎重。比如一种返还型重疾保险，缴费20年，之后保险公司在被保险人66岁、77岁返还所有已缴保费。本质上是理财型保险，每年的保费都会比消费型重疾保险贵不少。到期返还给被保险人的保费，其实就是每年多出来的几千元保费在几十年后的自然增值，而且还是以很慢的增值速度。

买好这两款保险后，众人上了一艘封闭的船入湖。深蓝色的湖水包围着船的周身。而毒气也仿佛沸腾起来，一个劲涌向船身，玻璃的透明护罩表面上有点点涟漪。越往前走，毒气的浓度越大，可见度越来越低，大家的感知都变得有点模糊了。一个小时后，总算有惊无险，渡过了这个毒气湖。

第四节　通天河边大家设计出五大保险

又走了一天，他们的面前出现了一条宽阔的大河，水声哗然，暗流汹涌，两岸怪石林立，激起一片雾茫茫的水汽，这就是传说中的通天河了。

据蛇女统计，每年有大约1 000人要乘船过河。因为是气垫船，里面充满了特殊的气体，且船是一次成型的，只要漏气了就没法修，就算彻底坏了。一艘船的价格是1万元，一年平均会有4艘船坏掉。谁弄坏了船谁就得赔。

蛇女说：“现在，我考考你们，怎样来设计一个保险，能满足每个人的需要，记住你们每个人要有不同哟。这也是财神交代给大家的任务。”

善财第一个说：“平均每年坏4艘船，损失4万元钱。那么1 000个客人每人每年交40元钱就可以补偿这一损失了。但保险公司无利不起早，也要给保险公司1万元的保管报酬，也就是每人再多交10元。这样一算，每人交50元，就不会有人因为弄坏船而一下子赔上1万元了。这就是消费型保险，50元的保费，不管最后风险事项是否发生也就是船有没有坏，这笔钱都花掉了，相当于付出了一笔钱给自己买一颗定心丸。这就是消费型保险。”

一贯谨小慎微的唐企僧说：“50元钱虽然不多，但如果船没坏的话也相当于浪费了啊！可是，又不能不投保，万一船坏了还是赔不起。那有没有办法在我没有弄坏船的情况下，可以取回这笔钱？”

善财听了突然想到：“钱不是有利息吗？不是会有投资收益吗？假如我用一笔本金去投资挣到50元，然后把这50元作为保费去买保险，到期时记得把我交的本金再还给我，不就行了吗？也就是说，我的本金最后能返还，相当于只用了本金挣到的50元钱去买保险。那到底应该交多少钱呢？一种做法是一次把本金交齐，比如1 000元，每年5%的收益，刚好就是50元。还有一种办法，就是每年交100元，10年交1 000元，用每年产生的收益作为保费去买保险（因为每年的收益不一样，可换成的保费也不一样，故为统一固定相对应的保额，需要保险公司统一核算）。如果一个人10年中没有弄坏船，到时保险公司将这1 000元钱还给这个人；如果这个人10年中弄坏了一艘船，这1 000元的收益部分作为保费所对应的1万元保额就可以帮他赔上了。”

善财把这个思路说出来之后，其他四个小伙伴都恍然大悟："是呀，真是两全其美的两全型保险。"事实上，两全型保险（有时又称为"储蓄型保险"或"理财型保险"）也就是这样出现的。被保险人在一定期限内（比如10年）每年存一笔钱，如果期间发生风险事项，保险公司就会赔付；如果没有发生，保险公司最后把钱还给被保险人（大部分或者全部）。其实类似于用这些钱的利息收入买了一份保险。人寿保险中通常有这种保险，它兼顾身故风险保障和储蓄两项功能，但一定要记住，它的储蓄功能的利率非常之低，甚至为负。

猪情戒有些不满了："凭什么保险公司用我们的钱来稳稳获利？如果某一年事实上根本没有发生意外，保险公司就把我们所有人的钱都挣了，我们心有不甘啊，这好像也不公平呢！"

蛇女说："那这样吧，如果你给了保险公司钱，但又没出事，公司可以把它的分红返一部分给你。这就是分红险，是抵御通货膨胀和利率变动的主力险种。分红并非来自投资，而是来自保险公司的经营收益，因此分红其实并不稳定。因为一旦保险公司经营亏钱了，被保险人可能就没有分红收益了。只有在能产生足够收益的情况下，分红险才有所谓的'投资价值'。"

可孙智圣还是不满意，他说："我对投资可不太感兴趣。既然你们能投资，比我们强，那除了赔船用的50元，我另外再交一些钱，请你们保险公司来运作，每月给我们结算利息，利滚利。但我要求这些额外的钱一旦我急用就可以随时取出，过后还可以再存进来。而且我不希望亏钱，要有稳定的收益，哪怕低一点也没关系。有满足我这种需求的产品吗？"

"当然有了，就是万能险。它在保单中设立了保障和投资两个分离的账户，大部分保费在独立的投资账户上增值，而不必受到保险公司自身经营情况的影响。投资账户中的资金可以随取随存，金额变化不定，只是取现需要一定的手续费。此外，保险公司还承诺每个月不管多少，肯定有利息，而且年利率一般高于2.5%。”蛇女回答。

可这下，龙命子又不满意了：“可2.5%的收益率还是太低了，既然你们有专业投资能力，我就希望有更高的收益。”

蛇女说：“高收益当然有，但风险也大。我可以设几个子投资账户，风险高低不一，大家自行选择，选好了公司帮着运作，我每年收取账户价值的百分之几作为管理费，其余赚多少都归你们，不过万一亏了请大家也别怪我。只要存满五年，我连手续费都不扣。这就是投连险，全称‘投资连结保险’，与万能险相似。但不同之处在于，万能险一般都有保本的条款，所以投资风格比较保守；而投连险没有保本条款，风格相对激进一些，收益和风险都比万能险要高。”

这下五个小伙伴的需求都得到满足了，蛇女总结道：“大家设计出五种主要产品了，这其实就是目前市场上最主要的五种寿险产品，分别是消费险、两全（有时也叫储蓄型或理财型）险、分红险、万能险和投连险。实际上，保护交的保险费中含投资和保费两部分，上面说的五种保险理财和投资的成分依次越来越重。我给大家画了一张图，可以看出它们的递进变化关系（见图20–3）。”

大家细细看完这张图，并结合刚才讨论的情况，认识到，只有图中最下面的消费险才是纯保障险，上面四种都是理财和保障兼顾的。

蛇女说：“现在，需要大家想一想，自己需要防范的风险是什么，能获得什么样的保障，最后算一算该买什么样的保险。”

大家听了蛇女的话，都感觉非常有收获，看来保险公司的产品还是挺人性化的，能满足各种人的不同需要。这时善财突然想起一件事，问：“我们之前不是已经买过一个意外险了吗，还没有到期，就不用再买了吧。”

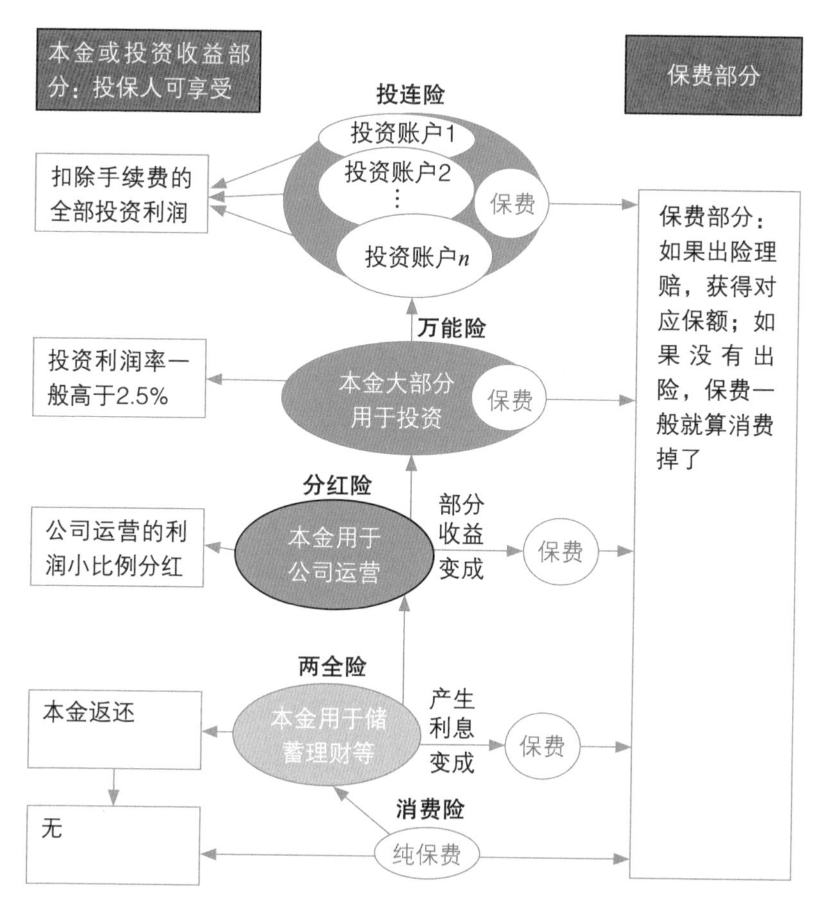

图20-3　五类保险设计逻辑

第五节　如何找到蛇的七寸

唐企僧问："走这么一趟，历艰难险阻，我们也知道了在什么情况下该买什么样的保险，也知道了保险的五大类产品。但是，因为现实生活和我们这一趟冒险还是会有不同，到底应该如何购买针对性强的、能满足个人需要的保险产品呢？"

蛇女回答："打蛇打七寸。找'蛇'的七寸，其实也就是发掘自己和家庭的保险需求，按轻重缓急列出保险的顺序。具体有两个因素需要考虑：一是损害程度，二是发生频率。一般来说，风险事故发生的频率越高，风险的威胁性就越大。比如，必须以助动车或摩托车作为代步工具或职业工具的人，就应把人身伤残的风险放在首位；而那些发生频率少、损害程度也小的风险，就应放在后面（见图20-4）。因为保险的首要目的是防范风险，防止因各种意外造成的损失，其抵御风险功能是任何其他投资工具都无法取代的。

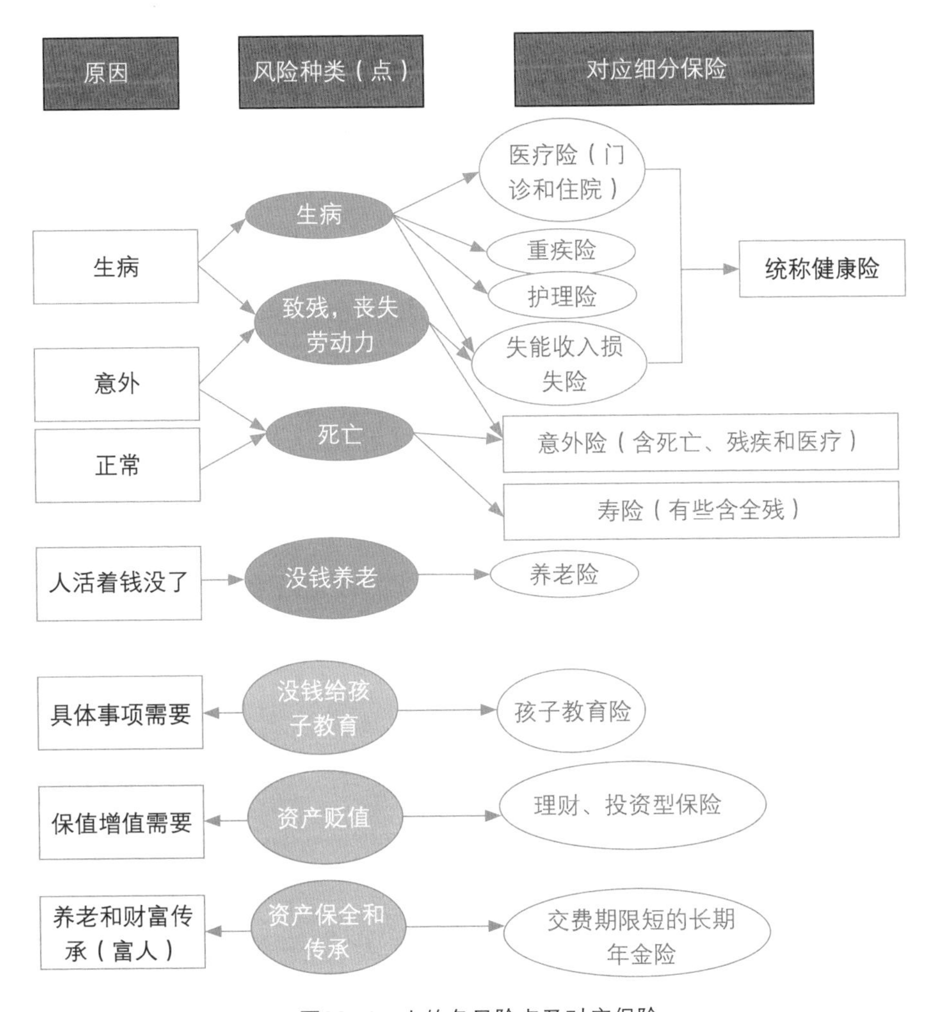

图20-4　人的各风险点及对应保险

因此，购买保险的基本原则就是：保障第一，收益第二。如果是单纯要挣钱的话，债券、基金和股票都要更好一些。因此，对一般人来说，投保首先考虑投保纯粹的健康险和意外险，其次是寿险，再次是养老险和孩子教育险，最后才考虑理财投资型的保险。

说到这儿，蛇女给大家讲了一个三胞胎兄弟买保险的故事。

三胞胎兄弟分别购买了三种保险，年缴费额都是10万元。老大全部购买了分红险；老二购买了一部分理财保险+30万元保额的重疾险；老三全部用来购买了300万元保额的健康险。

天有不测风云，三兄弟几乎同时被诊断患有重大疾病，幸运的是病可以治，每人花去了50万的住院治疗费用。

老大立刻联系了保险公司，公司回复："先生很抱歉，您只有分红险，疾病不予理赔。不过还是要提醒一下您，马上要交续期保费了……哦，要退保啊，退保也只能退一部分给您，因为您中途退保是违约行为，公司要扣除违约金的，真不好意思啊！"老大怒吼道："保险是骗人的！我要去法院告你们！"

老二也联系了保险公司，很快获得了30万元的理赔，但是还需要自己承担另外的20万元。因此，他必须尽快去上班，因为家庭开支在增

加，理财保险的保费也需要继续交纳。老二说："保险嘛，一般般啦，买了也蛮好，生病能理赔，但是这点理赔款还不够我看病交保费的，保险可买可不买，买多了没意思！"

老三也联系了自己的保险公司，获得了300万元的理赔款，不但把所有的医药费都支付了，还余了一大笔现金留给家人生活和孩子读书，出院后安安心心地在家休养。老三逢人便说："保险真是好东西啊，真是雪中送炭，你也要赶快去买一份。"

"为什么同样是缴费10万元的保险，结局却不一样？你们分析一下。"蛇女说。善财抢先答道："我知道。老大的分红险保障功能相对较弱，只提供人身死亡或者全残保障。因为没有同时购买附加险，如健康险、意外险和重疾险等，所以不能提供各种健康险或重疾保障。在给付额度上，意外死亡一般为所交保费的两倍到三倍，自然死亡或疾病死亡给付只略高于所缴保费。所以这次老大的治病费用50万元只能全部自己承担。"

蛇女说："事实上，老大一家也因此积蓄全空，'一人生病，全家拖垮'了。在重新跌入温饱界后，搞得老大逢人就说'这个世界上只有一种病，穷病'。"

"而老二呢，因为只有30万元的保额，所以也只能报销这么多，自己还得掏剩下的20万元。"唐企僧接着说。

"至于老三呢，购买了纯粹的健康险，所以如愿以偿，全部化解了疾病所带来的各种风险。这是最合理的做法，也取得了最好的效果。"孙智圣补充道。

见三人都说完了，蛇女总结道："是呀。买保险一定要有的放矢，不能稀里糊涂地买，否则只能承担稀里糊涂的后果。这里还涉及一个保费、保额多少的问题。买少了，当风险来临时起不到应有的保障作用；买多了，则会承担过重的经济压力。那么究竟买多少合适呢？”

见大家没有发言，蛇女自己说开了：“保费应该为家庭年收入的10%—20%。假设家庭年收入为30万元，我会建议家庭的年缴保费在3万—6万元。有孩子的家庭可以适当高一些；而单身白领或刚刚成家的年轻人，保费超过年收入的10%就不合适了（见图20-5）。

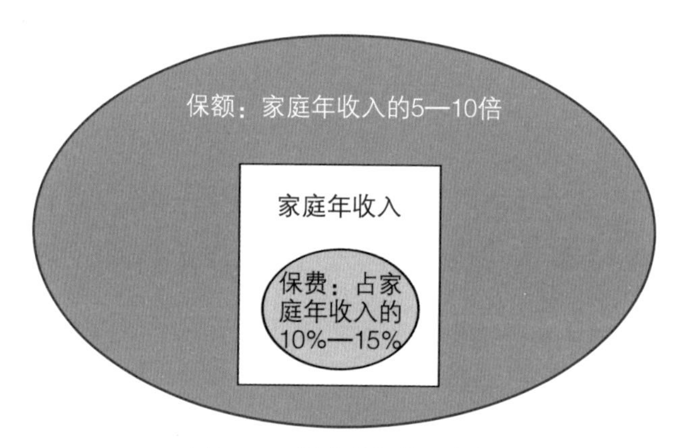

图20-5　适宜的保费和保额

“保额一般为家庭年收入的5—10倍。假设一个家庭的年收入为30万元，建议保障额度设在150万—300万元，只有这样，当风险来临时，才能真正起到保障作用。如果有房贷等负债，那么重疾险的保额应该是年收入的5倍，寿险保额应该是年收入的10倍，以弥补生病后5年康复期的收入损失，以及家人10年的生活品质保障。

“当然，以上的保险基本都是基于财力有限、本着好钢要用在刀刃上的原则买的，以便充分发挥保险的杠杆保障作用。但是，富有人群可能就有所不同了，这时保险的另一种功能就显示出来了。比如富一代基于要防止破产、提前安排养老以及资产传承的目的，可以购买交费期限短，之后长时间内按年或定期分批领取本金、利息和分红的保险产品，如年金险、逐期返还型的分红险、万能险、投连险等，对资产的增值则不那么看重。一旦被保险人欠债或者破产，其保单效力不会因此改变，法律不能强制受益人（受益人可以是被保险人的配偶、子女或者有血缘关系的亲人）用保险赔款进行偿还。这样即使公司经营出现问题，富人会因为购买了保险而依然拥有一笔财富，保证自己和家人能过着体面的生活。

“这种长期年金类的产品定期给付，可以为富一代家庭建立起源源不断的现金流，合理安排富一代步入晚年的家庭生活支出。在富一代身故后，可以让富二代继续享用，生活无忧，同时避免被一次性或短期性挥霍掉，对冲掉“富不过三代”的风险。事实上，继承了一大笔遗产的子女很快就将之挥霍一空从而落入贫困界的事情，几乎每天都在上演。

“此外，长期年金险还有一个优于信托的功能——富一代作为投保人，在生前可以通过随时变更合同，达到控制钱财的用途和去向的目的，在身故后，保险公司按照合同约定执行，富二代每年可以得到的保障利益清清楚楚，可以顺利将资产传承下去。此外，一旦遗产税出台，具有避税功能的年金类保险，可以帮助客户在转移资产时合法避税。

第六节　时光隧道：人生三阶段如何买保险

大家胆战心惊地通过了通天河，又在山路上走了半天，来到一条黑暗的隧道。蛇女告诉他们，这就是神秘的时光隧道，进去之后，每个人都会暂时失去自主意识，在脑海中快速过完自己的一生。这一说，大家既紧张又好奇。孙智圣第一个出发，一蹦就进去了，接着唐企僧慢慢地走了进去，龙命子和善财紧随其后，最后是猪情戒一步步挪了进去，一边唱歌给自己壮胆："也许有一天，我老无所依，请把我留在，在那时光里；如果有一天，我悄然离去，请把我埋在，在这春天里。"

待进入洞里，果真每个人都感觉到了自己一生时光的流逝。唐企僧看到了自己父亲欣慰的笑容，孙智圣正吃着一颗硕大发亮的寿桃，善财则跟在观音菩萨的身边，至于猪情戒，已经是一个家喻户晓的大明星了，龙命子还是一直玩着游戏呢。

大家都惊讶不已，继而陷入沉思。

蛇女说："人生所处阶段不同，需要购买的保险也不同。"接着，就开始详细讲解起来。

独身期

这个阶段的人刚踏入社会，收入还不太稳定，最主要应购买意外险和重疾险。由于年轻，缴费一般较低，而保障却较高，若自己发生意外，父母也能老有所养。目前市场上有一种类似于安全保障卡的保险很畅销，它每年只要交很少的费用（如100元），购买方便快捷，一年内如发生意外及出现医疗费用，则可以理赔。此外，如有余钱，也可以考虑养老险，具体有普通寿险（保障型）、养老型险、两全保险等多种可供选择。

家庭期

这个阶段的人一般上有老，下有小，面临的各种"蛇"也最多。这时就应该把家庭成员当作一个整体来统一考虑了，不同的成员有不同的保险需求，具体如下：

家里的经济支柱是重点投保对象，也就是说给赚钱最多的人买最好、最多的保险。首先为其买意外险和重疾险，万一顶梁柱遭遇不幸，赔偿金将给家庭设置一个保险屏障；其次可以为其购买寿险，如果顶梁柱不幸去世，所投保的寿险也会全额给付养老金；最后，可为其他家庭成员选择重疾险和医疗险，以保证万一患病时不致对家庭经济造成冲击。医疗险有普通医疗保险、大病险和住院险，可按照每位成员的实际情况选择其中的一项或多项。

为了退休养老，年金类产品不失为一种好的选择。它能保证被保险人在退休之后不致为生活费发愁。目前保险公司的此险种产品有的是按年支付年金，有的是逐月支付，消费者购买时可根据自己的偏好做出选择。纯粹的年金保险一般不保障被保险人的死亡风险，仅为被保险人因长寿所致收入损失提供保障。此外，还可以把一些分红险作为家庭长期储蓄的一部分，在拥有保障的同时，享受到专家理财的特色服务。

若是为了筹备子女的教育经费，则可以选择教育金等储蓄性的商品。子女还小时，家长可以为其购买一些儿童保险的复合险种。这些险种能够覆盖孩子的教育、医疗、创业、成家、养老等，有效保障孩子生活的方方面面。

在具体搭配时，可根据家庭成员经济收入的不同决定投保的主次轻重。

如果夫妇收入相当，可以各自用家庭保险预计支出40%的资金购买保险，孩子则用20%的资金。如果男主人收入较高，则对其的保费甚至可以达到家庭保险预计支出的50%。需要注意的是，千万不能只给孩子买保险，而忽视了家里的顶梁柱。否则顶梁柱一倒，经济来源一断，孩子就只有受苦了。

养老期

这个阶段的人一般子女已经成家，经济上相对宽松，不妨考虑购买医疗险。老年人的身体大不如前，有可能患上各种慢性疾病，医疗费用是一笔不小的支出，得早做打算。

第七节　让保险买得更“保险”

经过这一次远行冒险，五个小伙伴对保险已经很熟悉了。善财根据自己家庭的情况，打算给一家人都买意外险和健康险。因为考虑到家里现在收入不高，且将来创业还需要资金，因此返还型的各种保险就暂时不考虑了，而主要买消费型保险。接下来的问题是，如何买得踏实呢？如何给保险加“保险”呢？蛇女自然是要“好人做到底”的，她仔细地指导了善财。

针对善财很关心的拒赔问题，蛇女不厌其烦地做了解答。很多时候，被保险人出险了，保险公司却无情地拒赔，理由主要有这么几个：

不在保险范围内

在范围内，但没达到理赔条件

购买时未进行如实告知

前两条都和保险合同的详细条款有关，第三条是投保人的诚信问题。因此，买保险前，一定要仔细地阅读保险合同条款，了解清楚产品的保障范围、理赔条件是什么、有哪些除外的责任。有了充分了解之后，就不容易出现被拒赔的情况。蛇女讲了一个自己的例子。她以前一个相处不久的男朋友为了讨好她，在她生日那天给她买了一份寿险，保额是500万元，但保险的受益人写的是男友自己，吓得她第二天就把保险退了。因为这违反了保险利益原则，买了也是无效的。同时蛇女也担心，自己的生命会受到她那不太懂保险的男友的威胁。因为他可能会以为，一旦女友身故了，自己可以得到那500万元保险赔付金。分手两年后，蛇女的前男友果真被以谋害当时的女友的罪名而被判了无期徒刑。每当想到这儿，蛇女都是一身冷汗。

实际上，能不能顺利理赔，其实和保险公司的规模大小、保险线上还是线下购买的关系不大，而是和合同中关于保障范围、除外责任以及理赔认定的标准密切相关。当然，也和公司的业务稳健程度和管理规范性相关。因为公司不论大小，在成立条件、日常偿付能力以及财务投资等方面都受到严格监管，以确保公司哪怕在极端情况下也不会倒闭。如果万一在小概率下真的有保险公司资不抵债破产了，那么有效的保单会被转移到别家保险公司继续承保，同时国家的保险保障基金也会对这些保单进行不超过90%保单利益的救助。

在遵循购买保险的基本原则下，还需要注意以下五点：

第一，认真诚实填写合同，及时合理地变更内容。

在查看保险合同时，主要看保障是否全面，有没有说明除外责任，比如重疾险条款规定的重大疾病险种包括哪些，什么才算意外险，等等。一般情况下，我们应尽量选择保障范围大的产品。

在填写合同时，要本着诚实的原则，比如不隐瞒病史，以免在具体理赔时“竹篮打水一场空”。

寿险产品一般都会延续很长时间，少则几年，多至十几年甚至几十年。在这么长的时间内，投保人和被保险人的个人信息、经济状况、保险意识等极有可能发生变化。当出现这种情况时，投保人可以申请对保险合同的相关内容进行修改。

第二，买主险时，适当搭配附加险。

在购买主险时，还应该了解一下有什么附加险。这样，花较少的钱就能补充所投保险种的不足，附加险一般包括健康险、意外险、定期寿险、医疗险等。

大病统筹和公费医疗是按规定比例报销，很难100%报销，且区分病种，因此，可以买以下三种保险来补充大病统筹和公费医疗。一是重疾险，提供赔付金，这就意味着当投保人患上了其中列明的大病，在医疗费报销的同时，还可以额外得到赔偿金。二是住院医疗险，可以分摊余额。三是意外医疗险，报销意外医疗费。对意外伤害的医疗费，公费医疗或大病统筹采取的多是按比例报销的办法；意外医疗险的报销范围更广，它报销的是除去免赔额的所有费用，且一般不限医院。在上述三种险种中，第一种是主险，第二、三种是附险。

第三，买保险不要画蛇添足。

该买多少保额的保险，应视自己的家庭状况，计算实际需要多少钱。一般而言，买保险的资金（即年交保险费）占家庭年收入的10%左右最为合适。

第四，保险买得越早越好。

买保险时我们希望“打草惊蛇”，幻想着买了保险，蛇就不来了。但很多时候，打草也惊不了蛇。所以，在年轻时买一些保险，不仅能更早地得到保障，而且费率相对较低，交费的压力也较轻。而随着岁数增大，不仅保障晚，费用高，更糟的是还可能被保险公司拒保。

第五，不要轻易退保。

退保后将遭受几重损失：一是没有保障了，彻彻底底把自己暴露在“蛇群”面前。二是退保拿回的钱少，会有损失。目前的一般情况是在投保后的前一两年内退保时要扣除手续费，两年后按保单的现金价值退保。三是如果万一以后要投保新保单，则要按新年龄计算保费，年龄越大，保费越高，且同时还需考虑身体状况，说不定还会因某些原因遭到拒保或加费处理。

其实，如果实在需要用钱，有两条路可走。第一条路是投保人可以书面形式向保险公司申请贷款。当然，贷款金额会有限制。第二条路就是变更为减额缴清保费。

按照一般规定，投保人未能在保费到期日后60天之内交纳保险费，保险合同效力将中止，保险公司暂不承担保险责任，但投保人仍有两年的时间可以申请恢复合同效力。因此，等一段时间，待经济状况好转时申请合同复效，复效的保单仍以投保时的费率为基础计算保费。与重新投保相比，保费不会因年龄增长而增加。

第八节　财神的指示

在路上花费了三天之后，一行人终于来到了财神殿前。只见财神殿气势恢宏，自外而内层次分明，布局严谨，装饰精美。

他们沿着台阶一路向上，登上正殿，里面主要供奉着财神，只见他头戴黑铁冠，手执玄铁鞭，黑方脸，大胡子，骑着一只黑虎，形象十分威猛。左右两边，为其手下四名与财富有关的小神，分别是招宝、纳珍、招财和利市。而离开一年的财灵立在财神的肩膀上，正朝善财眨巴眼睛呢。

财神说："首先恭喜你们能克服困难到达这里。今天传给你们的是四大修财法门。一是要用财有度，一份自食用，二份营生业，余一份藏密，以抚于贫乏；二是要求财以道，不贪苟得，不诈于人，惟求净财，断绝邪财；三是要信义积财，诚者自成，内外之道，不诚无物，至诚如神；四是要摄心守财，修身务本，知止后定，不起邪念，如如不动。"

五个小伙伴静心受教，收获良多。

之后，财神认真打量了每一个小朋友，目光最后落到了唐企僧身上，说："四年过去了，你们在学习或生活上都有各自不同的经历，其中唐企僧还失去了父亲，而孙智圣失去恩师后也时常心神恍惚；至于善财和龙命子，因为过于贪恋和沉迷网络游戏，连游戏和现实都快分不清了；而猪情戒为情所困，且过早享受了快速成名的果实，从而对生活失去了新的追求。你们每人都有着各自的坎，都有新的问题。天助自助者，这些沟沟坎坎都需要你们自己去越过。"

随后，财神引用了桥水基金创始人、投资大师兼哲人达利欧在他广为传颂的《原则》一书里的话。

我阅人无数，没一个成功人士天赋异禀，他们也常犯错，缺点也不少，他们成功是因为正视错误与缺点，找到日后避免犯错、解决问题的方法。所以我觉得，全力利用好直面现实的过程，尤其是在和困难障碍斗争时的痛苦经历，从中竭力吸取教训，这样定能更快实现目标。

成功人士与平庸之辈最重要的区别就在于学习能力和适应能力。达尔文自传曾说过：在大自然的历史长河中，能够存活下来的物种，既不是那些最强壮的，也不是那些智力最高的，而是那些最能适应环境变化的。能感受到大环境的变化并适应是一种能力，主要是洞察力和推理能力。

大自然的一条根本定律是，要想进化，就要突破极限，承受痛苦，方能获得成长，举重也好，直面难题也好，都不外乎如此。大自然赋予我们痛苦，其实是让我们感受到离目标越来越近，或已在某方面超越了自己的极限。没有痛苦一般不利于成长，所以我们应在与实现自己目标相一致的前提下，承受一定的痛苦。

接着，财神又再引用了年轻的科幻作家，同时也是超级学霸、金融精英的郝景芳的一段话。

在我自己的眼中，成长并不是充满成功，而是一条永远朝向心中光亮奔跑却跑不到的路途，我不断靠近心中之光，可是一次次，总是达不到，而且离目标越来越远。我在不断失望的过程中鼓起勇气，慢慢长大。这是我近期才想明白的事：把梦做大一点没坏处，梦做大了，现实中的挑战都是小事。即使充满失落和忧伤，在别人看来也已经挺成功了。如果希望我给后来的孩子们一些建议，那可能只有这一点：把梦做大一点，看得远一点，即使做不到也没关系。即使到不了宇宙尽头，也强于只看到水塘尽头。

在阅读的世界里，我能见到这个世界上真正杰出的人、了不起的思想、伟大的作品都是什么样。因为有这些参照，自己永远有追求的目标。这些目标让我谦卑，不会因为现实中的一点点成绩自喜，会知道，那些真正杰出的灵魂，是绝不屑于为这点成绩而自得的。这些目标也让我收获人生，即使失落而忧伤，追求也仍然高于现实。

“我要说的就是这些，你们面临的问题各自不同，今后也还会遇到其他的问题。但是有良好的阅读习惯、有大目标、敢于做梦、敢于正视自我缺点、不断突破自我的人，是能克服一切困难的。”

说完，财神消失了，善财身边的聚宝盆上的财灵图案再次闪亮起来，财灵又回到了自己身边，善财别提多高兴了。

五个似乎已经长大的小伙伴再次依依惜别了。未来的道路还很长，但有一道光在远方引领着，小伙伴们都相信自己会成功的。

外汇，风险收益皆适中，适宜“放眼四海、心怀天下”之人。外汇投资，对手遍天下，得把自己培养成“千里眼”和“顺风耳”。但同时请放心，外汇市场庄家少了，其力量也弱了，游戏规则公正了，有能力自然可以脱颖而出。外汇投资可以全天候进行，即使上班族也可以“顺手牵羊”。世界局势动荡，外汇投资机会更多，当下着手，为时不晚。

第二十一章

外汇：巴菲特的投资夏令营

善财读初二的一天，投资大师沃伦·巴菲特和他60年的搭档查理·芒格在全球发布消息，邀请5名中学生去参加其组织的投资夏令营活动，以培养未来的投资大师。而就在半年前，“世界上最昂贵的午餐”拍卖一锤定音，由4名匿名竞标者通过46次提价后，最终以345.67万美元（约合2 271万元唐币[1]）拿下了2016年与巴菲特这位“股神”共进午餐的机会，听取他对经济、金融、商业和投资的建议。尽管巴菲特也会时不时地自掏腰包，邀请一些全球顶级大学的学子共进午餐，与他们面对面交流，但像这样免费邀请并部分时间陪同小孩子们参加为期一周的投资夏令营，可真是破天荒了。

真是菩萨保佑，财富小分队有幸成为唯一的获选者。大家想，也许是财神施加了什么魔力吧。想到要和国际顶级的两位投资大师一起待上几天，来

① 唐人国货币单位。

个亲密接触，小伙伴们兴奋极了。他们找到了羊力向导作为国际向导，他做国际导游已有多年。据他自己介绍，他的外汇投资做得也很不错。

第一节　麦当劳指数和免费喝啤酒

大体来说，每个国家都有自己的货币。但由于没有统一的国际货币，一旦发生国际贸易，就会产生用哪国的钱来结算的问题，继而产生不同货币按哪种比例进行兑换的问题。这个比例就是汇率。本质上，货币也是一种商品，相互间可以买卖，和其他的商品没有什么区别。

目前在唐人国，1美元可兑换6.5元唐币。如果过一段时间，1美元可以兑换的唐币超过6.5元，我们就说美元升值了或者说唐币贬值了。这时，唐人国的出口货物以唐币计价成本不变，但是以美元计算，就更便宜了，因此一国货币贬值有利于出口；反之，一国货币升值就不利于出口。但是，对于普通老百姓而言，自己国家的货币贬值了，去国外旅游、购物就要花更多的钱了。

那么，决定汇率的因素是什么呢？凭什么1美元等于6.5元唐币呢？因素有很多，最基本的理论是购买力平价论，即汇率由货币的相对购买力比率来决定。因为麦当劳餐厅分布在全球各国，价格又相对统一，所以有人编制了一个麦当劳“巨无霸（汉堡）指数”。该指数根据购买力平价理论出发，认为1美元在全球各地的购买力都应相同。如果某个国家或地区的巨无霸售价折算成美元后比美国低，就表示其货币相对美元的汇率被低估，反之则是高估。据此估算，唐人国五个城市的巨无霸平均售价仅为2.73美元，而美国为4.80美元，这意味着唐币被低估了43%。但是，如果不选用巨无霸，而改用进口及组装汽车的昂贵价格来对比，则唐币被高估、美元被低估了。所以，很难用单一指数衡量一个国家的货币汇率合理程度。

目前国际上主要有两种汇率制度：一种是固定汇率，就是强制自己国家的货币和某一经济强国的货币挂钩，固定一定的比例，而不管两国各自的经济发展水平如何；另一种是浮动汇率，即根据自己国家的经济情况和供求关系，来相应调整汇率。当然，还有一些混合的制度。比如，唐人国就是实行以市场供求为基础、参考一篮子货币（以美元为主，包含其他）进行调节、有管理的浮动汇率制度。有变化就有机会。既然汇率有变化，自然就有投资的机会了。

因此，按照羊力向导的建议，他们以1：6.5的比例把32 500元唐币换成了5 000美元，以方便在美国用，多换了也用不完。唐人国各大银行推出的信用卡更是方便快捷，比如可以在美国直接刷美元，等到回国后再用唐币还款。此外，兑换外币需要一定的手续费，但是选择刷卡消费就大大减少了手续费用。

出发前，五个小伙伴突击训练了一下英语。本来在学校就有英语课了，再请羊力向导给训练了一阵子，他们的英语水平更是突飞猛进。暑假开始后的第10天，他们出发了。

他们首先来到了美国和墨西哥两国的边界。羊力向导说："我可以带你们去免费喝无醇啤酒，喝个够。"这种好事，大家自然乐得参与。一行六人在墨西哥一边的小镇上，每人用0.1比索买一杯啤酒，先付了1比索，找回0.9比索。接着他们又到美国一边的小镇上，发现美元和比索的汇率是1美元等于0.9比索。于是各人把剩下的0.9比索换了1美元，用0.1美元买了一杯啤酒，找回0.9美元。回到墨西哥的小镇上，他们发现比索和美元的汇率是1比索等于0.9美元。于是，每人又把0.9美元换为1比索，又去买啤酒喝，这样在两个小镇上喝来喝去，总还是有1美元或1比索。换言之，他们喝到了免费啤酒。

这到底是怎么回事呢？羊力向导解释道，大家能在两国不断地喝到免费啤酒，在于这两国的汇率不同。

美国境内	墨西哥境内
美元：比索=1：0.9	美元：比索=1：1.1
比索：美元=1：1.1	比索：美元=1：0.9

正是靠这两国汇率的差异，大家才能进行套利活动，喝到免费啤酒。他们没付钱，那到底谁付了钱呢？这就有些烧脑了。羊力向导解释道："如果美国的汇率合适，则墨西哥低估了比索的价值，啤酒钱是由墨西哥出的。如果墨西哥的汇率合适，美国低估了美元的价值，啤酒钱是由美国出的。如果两国的汇率都不合适，则钱由双方共同支付。"

他们是只喝啤酒而已，事实上，当汇率定得不合适时，就会有人从事套利活动，即把一种货币在汇率高估的地方换成另一种货币，再把另一种货币拿回汇率低估的地方换为原来的货币。在国家严格控制外汇并固定汇率，且汇率与货币实际购买力不一致时，必定有套汇的情况出现。

第二节　巴菲特的简朴生活

喝够了啤酒之后，他们经过三个小时的飞行，到了美国中部的一个小城市。一位样貌普通的看上去足有80岁的老先生开着一辆颇显寒酸的小轿车来接他们。大家暗想："这么一大把年纪，还在当司机挣钱，可真不容易。"路上，老人对他们表示了欢迎，之后驱车十多分钟到了一栋别墅。别墅很普通，只是美国乡间最普通的两层公寓，没有高高的围墙，也没有紧闭的大门，甚至连个院子都没有，就那么孤零零地站在路边。大家心里泛起了嘀咕。

进入别墅，大家发现那里还有一位更老的老先生在等着他们，看上去左眼好像已经失明了。刚才开车的老人带他们参观了一下各个房间，说："这是我1958年以3.15万美元购买的房子，到现在有60年了，我一直住着，很舒服。"

啊，小伙伴们大吃一惊，恍然大悟，原来他就是巴菲特，另一位就

是芒格。拥有800亿美元资产、排名世界前三的富豪就住在这样一栋老房子里?

更让人吃惊的还在后头。吃饭时，老人居然叫了麦当劳的外卖，大伙吃着汉堡和薯条，喝着可乐。看着巴菲特大快朵颐的样子，大家怎么也无法把他和顶级投资大师联系起来。

“我一天喝5瓶可乐，在公司喝原味可乐，在家则享受樱桃可乐。早餐吃3.17美元的麦当劳，如果股价跌了就吃2.95美元的。这可是我的养生之道。大家看看，我现在身体棒不棒？”

大家看到巴菲特尽管80多岁了，却依然精神矍铄、思路清晰、反应敏捷，于是纷纷点头。

“沃伦呀，别吹了，你就是吃麦当劳上瘾。我给大家讲两个经典的搞笑例子吧。1995年10月老巴和微软老大盖茨一起度过了17天中国之旅，足迹遍布北京、乌鲁木齐、西安、香港等地。在抵达北京入住王府井饭店后，老巴并未品尝酒店准备的川菜，而是每顿饭都固定吃汉堡和薯条。到香港后，老巴午夜时分依然拖着盖茨去麦当劳买汉堡，并自告奋勇说他来请客，接着居然从口袋里掏出了几张优惠券。”老搭档芒格一番打趣道。

巴菲特自然不甘示弱，也开起老朋友的玩笑来：“查理40多岁的时候，要养8个小孩，因为做律师养不活这么多张嘴，所以转行做了投资，没想到一发不可收拾，到现在养800个小孩都不成问题了。”

相互调侃完毕后，巴菲特动情地说：“自1959年起到今天，我们都未曾有过一次争吵。我是查理的眼睛，而查理是我的耳朵。他用思想的力量，拓展了我的视野，让我以非同寻常的速度从猩猩进化到人类，否则我会比现在要贫穷得多。”

“你这么有钱，怎么还住在这么破旧的房子里呢，而且一住就是60年？”猪情戒不解地问道。这也是大家共同的疑问。

巴菲特收起了笑容，说道："节俭是一种生活态度。它的真正效果不是帮助你省钱，而是降低你的快感阈值，以便帮助你聚焦当前所做的事情。你们唐人国有句古语叫玩物丧志。浪费总是与物质享受挂钩的，它提升你的快感阈值，让你无法平静地思考。举个很简单的例子，你花了很多钱买了个大电视天天看，突然有一天让你看书，你就看不进去了，更不用提学习新技能了。再比如，你天天山珍海味，让你一下子吃糠咽菜，恐怕也适应不了吧？"

第三节　和巴菲特探讨投资之道

原本以为这只是这两个怪异老头的朴素生活之道，但羊力向导告诉大家真相后，大伙儿才更吃惊了。喝可口可乐，吃DQ冰激凌、彩虹糖等，并不只是为了节俭。这些产品都是巴菲特投资的公司生产的，巴菲特非常善于利用自己的品牌效应，相当于是用自己的名声为所投资的公司打广告。伯克希尔·哈撒韦（也就是他俩持有和管理的大型投资公司）股东会常见的一幕就是主席台上的巴菲特和芒格一边侃侃而谈，一边喝着樱桃可乐。

伯克希尔·哈撒韦公司从30年前就开始投资可口可乐，近10%的股份占有率使其成为可口可乐公司的最大股东。最近一次年报显示，这家公司已从对可口可乐的投资中获利超过150亿美元，而这还不包括投资的季度分红。值得一提的是，巴菲特所持可口可乐的原始投资大约为13亿美元。

"那您当初的投资思路是什么呢？"善财问道。

"我们来看看麦当劳的几个新数据。老的数据我不太记得了，毕竟年纪大了，又隔了这么多年，但新数据我还是能记住的。

- 全世界每天有7 000万人在麦当劳用餐，数字已超过了英国的总人口数。
- 麦当劳是全世界最大的玩具经销商，每年运送15亿个玩具。

- 全世界麦当劳每年使用2.5亿磅番茄酱，仅美国的麦当劳顾客每年就要吃掉超过10亿磅牛肉。
- 全世界一百多个国家有麦当劳餐厅，其中的40%在美国。

“这些都印证了我之前对它的正确判断，这就是我们看中其潜力无限从而重仓投资的原因。但是，唯一遗憾的就是，我也不是神仙，我卖它的股票卖得太早了，我在1998年就卖出了不少麦当劳的股票，尽管后来我又买回了不少。”

说到自己的伤心事，巴菲特有些懊恼：“在1980—2000年的20年里，麦当劳的股票升值了44倍。在1990年时已经上升了6倍。你有没有远见和胆识买入涨幅已经很高的麦当劳的股票，赚取下半场的暴利？我有，因为我看中的是公司的高增长性和优秀的管理团队。当然，更重要的是，麦当劳是个家喻户晓的品牌，几乎所有的小孩都喜欢它。”

懊恼的巴菲特顺手拿起手边的糖果吃了起来。这不会又是他自己公司的产品吧？众人心疑。一问，还真是伯克希尔·哈撒韦旗下公司生产的喜诗糖果。

“我把喜诗糖果列为梦幻般的最伟大的投资对象之一。从1972—2007年，喜诗糖果共为伯克希尔·哈撒韦贡献了13.5亿美元的税前利润，却只消耗了其中的3 200万美元用于补充公司的营运资金，其余资金被全部用来购买其他利润丰厚的企业。”

众人见巴菲特投资的又是麦当劳，又是可乐，又是糖果的，敢情是个童心未泯的大吃货呀。看来投资也没那么难啊！

心思敏捷的巴菲特好像感应到大家的这种心理，说：“大道至简，投资是很简单，不用太复杂。公司的商业模式简单易行，看得见，在日常生活中就能感受得到。比如麦当劳和可乐，都是触手可及的，其服务和管理自己都能直观感觉得到，都可以做出自己的评价。”

“那除了这些，你现在最看好的生意还有哪些呢？”龙命子对投资一贯感兴趣，好奇地问道。

巴菲特俏皮地用手捂住嘴巴，用恰到好处的音量回答道：“至于今天最好的生意是什么，我希望我知道，但即使我知道，也不会告诉你。如果你知道，请悄悄地告诉我，不要对着其他人喊出来。最好的产业是有护城河的城堡。总会有其他人打算攻击你的城堡，问题在于你的护城河是否够宽。”护城河，大家是了解的，就是保护一座城市免于被敌人攻占的河流，这在古代是非常重要的。放到一个公司身上，就是指这个公司的核心优势，如非常强的技术专利、强大的品牌等。比如可口可乐的秘密配方，比如麦当劳家喻户晓的品牌。

“那iPhone肯定也有很强的护城河了？”唐企僧问道。他前段时间用上了iPhone，觉得真是方便得很，应用商店里各种App很多，也很好用，他一用就入迷了。

“是的。我最近就买了不少苹果公司的股票。为什么呢？”巴菲特说，“当我陪曾孙女去DQ买冰激凌时，有时她会带上朋友。他们几乎人手一部iPhone，我问他们这部手机可以做什么，如何做，他们的生活是否离不开它。可他们都在看手机，没空和我说话，除非我请他们吃冰激凌。我意识到苹果有非常高的客户黏性，产品本身也具有极高的使用价值。再看未来苹果的盈利能力，我认为库克（苹果公司的CEO）做了一件了不起的工作，他的资本配置非常聪明。我不清楚苹果研究实验室里面有些什么，但我知道他们的客户心里想什么，因为我花了相当长的时间与他们交流。”

这时，芒格补充道：“苹果具备我们持仓量最大股票的许多特征：一个强大的品牌、相对较低的估值及持续性的股票回购和派息。毕竟，以平价购买出色的业务要比以低价购买平庸的业务要好得多。”

小伙伴们心想：“看来这还是一贯坚持的投资思路呀——一家拥有大量忠实客户且运营良好的公司，可超越以‘增长’和‘价值’等概念为核心的传统投资理念。”

“那我该如何寻找公司，找到买入机会呢？”善财问道。

巴菲特回答：“真正的诀窍是找到明显的机会——那些好像在朝你大声打招呼的机会。从成千上万的公司里，找到那些真正有潜力的，并正确评估它们。你需要做的，只是找到一两个被明显地错误定价的机会，就可以变得富有。另外，如果你找不到任何东西，你可以选择持有现金。”看来，弱水三千只取一瓢饮，投资也会贪多嚼不烂呀。

这时，孙智圣突然想起一个问题：“人工智能（AI）现在非常流行，因为机器在质量和数量分析方面都超越了人类。这项技术会如何影响对冲基金和其他基金的经理？AI会成为比人类更好的投资者吗？”

巴菲特说：“我并不这么认为。平均而言，机器在投资决策中可能会超越人类，但最好的投资者会击败机器。AI可能比标准普尔500做得更好，但没有一台机器能击败芒格。计算机擅长快速处理，因此在快速交易情况下，如动量交易和算法交易，机器具有优势。

“让机器决定投资和资金分配是非常危险的。预先在机器系统里设定的程序化下单是1997年崩盘的原因之一，2008年的崩盘也是。如果让机器做投资决策的趋势继续下去，它将继续造成崩盘，而我们在未来的几十年里将有可能看到一些灾难。总体而言，拥有正确投资理念的人将会不受机器影响，能继续做好投资。”

不知不觉，时间就过去了，大家收获颇丰，意犹未尽。当然了，也没少消耗巴菲特提供的麦当劳和糖果。

第四节　在迪士尼乐园看《十二生肖理财记》

第二天，在羊力向导的带领下，小伙伴们进入了洛杉矶迪士尼乐园，这可是全世界孩子心中的天堂。乐园早在1955年7月就开园了，很快就成为全世界最具知名度和人气的主题公园。

大家游览了美轮美奂的“小小世界”，玩了刺激的“飞跃太空山”之后，一起到布满唐老鸭和米老鼠等各种卡通造型的巨型放映厅看电影《十二生肖理财记》。电影讲的是善财童子受观音菩萨的委托，去寻找其分布在人间的十二个弟子——十二生肖的故事，他们每人负责一个投资品种，具体是个人素质、消费、储蓄型理财、债券、基金、保险、实业、外汇、房产、收藏品、股票、期货期权等。

在这个过程中，发生了许多有趣的事。比如，金角大王和银角大王为提高自己的金角和银角的纯度，不断设计搜刮民财，最终反被自己的宝贝所害；猪八戒为了忍住大手大脚的毛病，养成好的消费习惯，真正做到了“八戒”；老鼠精打着祭拜哪吒父子的名义在民间搞起了诸多庞氏骗局，大肆圈钱，最终身陷囹圄；孙悟空在被封为斗战胜佛后再次下到花果山种起了仙桃；太上老君的坐骑青牛拿着金刚琢，和上市公司合谋在股市大肆收割普通散户；玉兔参加炒房团大获全胜，炒高了房价……大家越看越觉得熟悉，因为很多都是自己经历过的。影片最后，善财童子终于最后找到了迷失在人间的十二生肖，并且把他们领回了观音菩萨身边。

电影看完了，大家意犹未尽，尤其是善财更是感同身受。羊力向导总结道：“很多人都是看着迪士尼的动画电影成长起来的，这些动画人物给我们的童年带来了无限的乐趣，同时也教会了我们一些良好的品质，让我们受用终生。”

“但我们这次可不是单纯看电影里的故事来的，你们知道它的商业模式吗？”羊力向导话锋一转。

“不就是让孩子和大人看吗？挣电影票收入，挣广告收入。”龙命子答道。

“可不止这么简单。经过数十年的发展，迪士尼也由原来的小小动画工作室迅速膨胀成为动画电影的龙头大哥。同时，有不少作品被改编为迪士尼主题公园的游行表演、冰上世界和音乐剧等形式，有些后来还另外发行了电视版节目以及录像带、DVD等影音产品。由此，作为国际娱乐界的巨子和拥有全球知名度的跨国大公司，迪士尼除了电影，势力范围还扩张到主题公园、玩具、服装和书刊出版等行业。而不太为人所知的是，华特·迪士尼在创造他的迪士尼王国之前，也破产过好多次呢！”羊力向导说。

第五节　巴菲特是如何炼成的

吃喝玩乐之后，一行人再次回到巴菲特的别墅。在那里，巴菲特给他们放了一部纪录片《巴菲特》，桌上还放着一本书——《滚雪球——巴菲特和他的财富人生》，是巴菲特特许的官方传记。是呀，作为世界头号股神，他本身就是稀世珍宝，一生自然值得大书特书。

巴菲特说：“你们看看，我为什么会是今天这个样子。看完后，大家再交流讨论，看怎么能帮我更好地过好下半辈子。”说到这儿，80多岁的巴菲特自己先笑起来了。

电影分为四个部分，从巴菲特的童年、青年再到其中年辉煌的财富之旅，之后又讲了他的投资心得和对社会的回报，再现了一个投资理性乐观、生活简朴偏执的股神的大半生。

1. 立志成为百万富翁的读书好少年

从开小卖部的爷爷辈开始，巴菲特一家就算是家境殷实的中产阶层，巴菲特的父亲在当选美国共和党议员之前经营过股票券商业务。

巴菲特从小看的书比一般小孩要多得多。巴菲特7岁时在图书馆借了一本名叫《赚1 000美元的1 000种方法》的书。10岁的一天，巴菲特边摆弄计算器边对妹妹说，自己在30岁前会成为百万富翁。妹妹对他的话记忆犹新，当时他的家族还没有出过一个百万富翁呢。

巴菲特早早就做起生意了。从6岁起，因为嫌父母每周给的5美分零花钱不够，巴菲特自己骑着自行车在社区送报纸，每天送500份，一份报纸赚1美分，后来送报时还顺带搭售日历、可乐、口香糖等小商品。其后，巴菲特还与小伙伴一起经营租赁弹球机，贩卖二手高尔夫球，在奥马哈周边“置业”，买下40英亩农场等。通过这些创收活动，巴菲特在16岁高中毕业时拥有的财富已相当于现在的5.3万美元。

巴菲特第一次选股也没有成功。他在11岁时，买入了希戈石油（CITGO）公司前身的3股优先股，每股买入价38美元。结果该股跌了30%，巴菲特在其涨回40美元时匆忙卖掉了。几个月后，这家公司的股票涨至200美元，正是首次试水“折戟”，才触发了巴菲特学习价值投资的契机。

巴菲特高二时，与朋友唐·丹利经营租赁弹球机生意。在花25美元买了一台旧机器后，巴菲特主动要求与丹利联手，请他负责维修机器。一年后巴菲特自己与一位理发师谈合作，将发展到8台机器的生意转手卖了1 200美元。

在家乡小城的赛马胜地，由于年龄太小不能下注，巴菲特就带领小伙伴捡掉在地上的赌马票，再利用数学能力推算胜率，制成赌马小报《小马倌精选》，每份仅售25美分，非常畅销。不过因为他们没给马场交“份子钱”，这桩生意很快就被迫终止了。

这时，巴菲特暂停了放映，对大家说：“读书确实是一个公平的竞争手段。年轻时，别人都在买《花花公子》杂志，我却喜欢买《穆迪手册》，看公司报表。里面尽管没有‘颜如玉’，但是有‘黄金屋’呀。”大伙一听都笑了起来，这时老搭档芒格接话道：“心有黄金屋，可你还是住着破旧屋。”大家更是哄堂大笑起来。

2. 打下投资根基的进取好青年

19岁从内布拉斯加大学本科毕业后，巴菲特申请哈佛商学院被拒绝，这成为他的“人生转折点”。当银幕上出现年轻巴菲特落寞的身影时，大家却听见老年的巴菲特自言自语：“这是我一生中最美好的事。”

后来，巴菲特考入哥伦比亚大学商学院读硕士，拜师于著名投资学理论家本杰明·格雷厄姆，而巴菲特此前刚拜读完格雷厄姆写的《聪明的投资者》一书。在格雷厄姆门下，巴菲特如鱼得水。格雷厄姆反对投机，主张通过分析企业的赢利情况、资产情况及未来前景等因素来评价股票。他传授给巴菲特丰富的知识和诀窍，并且告诉他两个法则：第一，永远不要赔钱；第二，永远不要忘记第一条法则。1951年，21岁的巴菲特获得了哥伦比亚大学经济学硕士学位，并且获得最高的A+的成绩，也是学霸一枚。

21岁时，巴菲特在报纸上看到戴尔·卡内基公众演讲课的广告后，为了克服当众演讲的心病，下决心参加了课程。卡内基教会他很多演讲技巧和突破自我的训练方法。培训结束后，巴菲特终于能够自如地在公众面前开口讲话了。

这时，巴菲特解说："如果没有那堂课，我的人生轨迹会截然不同。"大家其实在第一天参观时就注意到了，在巴菲特办公室的墙壁上，没有内布拉斯加大学的学士学位证，也没有哥伦比亚大学的硕士学位证，却有戴尔·卡内基的演讲课程毕业证书。

这时，电影中到了1959年，那一年，巴菲特认识了查理·芒格。从相识那天起，这两位伙伴就惺惺相惜，从来没有吵过架。查理能用最简短的话表述重要的观点，巴菲特也愿意听查理实话实说。以前，巴菲特最擅长的就是挑选出价格便宜的公司，购买它们的股票。但查理·芒格影响并且改变了他的态度，让巴菲特用合适的价格，买下优秀的公司。事实证明，正是这样的策略才真正让伯克希尔·哈撒韦公司发展壮大。为此，巴菲特总说："把自己当成企业经营者，所以我成为优秀的投资人；把自己当成投资人，所以我成为优秀的企业经营者。"

3. 辉煌的财富之旅

巴菲特从1960年起逐步增持伯克希尔·哈撒韦公司的股份，伯克希尔·哈撒韦当时还是一家陷入困境的纺织厂，无法与便宜的海外产品竞争。1964年，巴菲特和伯克希尔·哈撒韦的管理层竞争，负气大举加仓，夺过公司控制权，并逐渐剥离了纺织制造业务。

这时，巴菲特自己点评道："我最愚蠢的一笔交易就是买下了伯克希尔·哈撒韦。如果当时买入一个好的保险公司，而不是花大价钱买下一个垂死的纺织企业，我的控股公司的价值会比现在高两倍。”

随后，巴菲特先后买入《华盛顿邮报》等媒体资产，以及美孚石油和Geico保险商等股票，最著名的莫过于从20世纪80年代末开始建仓可口可乐，令13亿美元的成本增值到1 650亿美元。后来，巴菲特又进军美国运通信用卡，从把大量资金注入铁路、航空、加油站等运输行业，到试水苹果等高科技公司。巴菲特在经营伯克希尔·哈撒韦公司的50多年的投资历史中，创造了年均20%的回报率。

巴菲特从1949年确立价值投资理念以来，其投资经历了三个阶段，第一阶段（1949—1971年）是“捡烟屁股”。比如一只股票的内在价值是每股10元，现价是5元，他就买进，等着价值回归。但依此思路大量买入了US Air的股票后，没想到“地板”之下还有几层“地狱”，最后他选择止损清仓了。第二阶段（1972—1989年）只买好公司。好公司比好价格更重要，不能因为便宜、低于内在价值就买，好的公司内在价值不断上升，差的公司内在价值不断下降。因此，给你足够的时间，你就能在好公司身上赚钱，也能在差公司身上赔钱。第三阶段（1990年至今）是全面投资，股票、债券、期货……但依然追求绝对收益，依然强调投资的第一原则是“绝不赔钱”。

那么，巴菲特是什么时候实现自己10岁时立下的百万富翁梦想的呢？

如图21-1所示，巴菲特如愿在30岁那一年成为百万富翁，当时（1960年）美国家庭的平均年薪仅为5 600美元。40岁刚出头的巴菲特也遭遇过财富危机，43岁时的净身家为3 400万美元，到44岁时因美股惨跌（1973—1974年股灾）降至1 900万美元，但20世纪70年代末重新迈向亿美元的门槛。50岁时，巴菲特的净财富已经有上亿美元，在56岁（1986年）成为“10亿富翁”，60岁之前净身家达到38亿美元，当时美国普通家庭的中位数年薪约为2.49万美元。从60岁起，巴菲特的净身家与伯克希尔·哈撒韦的股价“齐飞”。目前，巴菲特的财富已经超过800亿美元，但其中96%的财富是在60岁以后才拥有的。

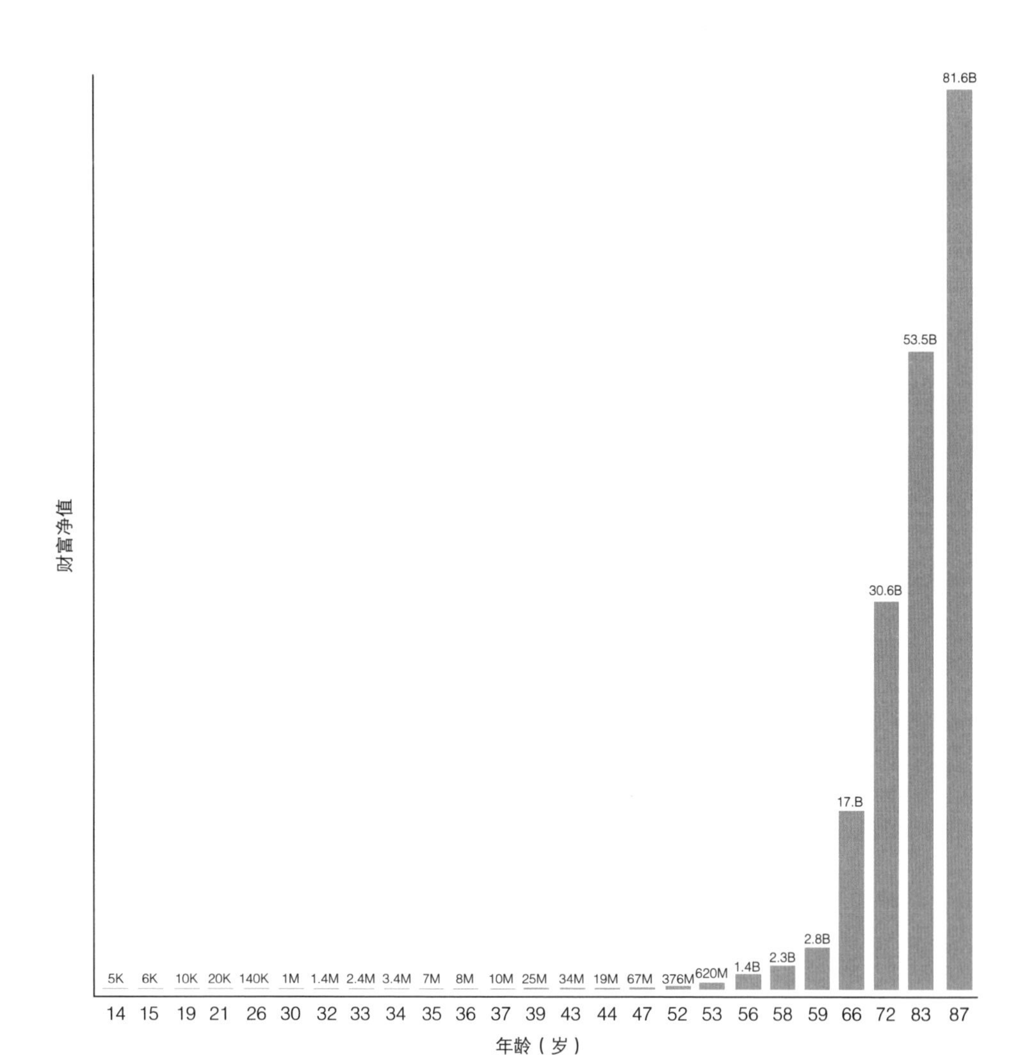

图21-1 巴菲特财富净值

注：K—千美元，M—百万美元，B—十亿美元。

资料来源：CNN。

这时，善财突然想："巴菲特如果出生在唐人国，也能这么成功吗？他的价值投资理念在唐人国适用吗？"于是他把这个疑问抛给了巴菲特。

听到这个问题，巴菲特笑了，随后正色回答道："我是中了'卵巢彩票'，有幸出生并生活在美国。自从我70年前开始认真投资以来，美国社会基本稳定，股市整体走牛，所以才有今天。而唐人国的股市历史也就30年，一些制度还不完善，政府的政策调整或主流媒体的相关言论，有时会彻底改变股市的运行方向。股市的可预测性和上市公司盈利的可预测性都比较难。再加上90%以上都是散户，羊群效应更为明显。因此，价值投资方法在唐人国可能会有些水土不服，需要适应。但是，通过价值投资的方法，找到物有所值的东西，坚定地持有，也能取得很好的成绩。而且我相信，随着唐人国股市制度的完善，价值投资会越来越有用武之地的。"

说到这儿，巴菲特停了一下，继续说道："我希望你们能成为未来真正的价值投资者。因为我和芒格等很多人都已经证明了，这条路能走得更稳更长。"

4. 专注投资，简单生活，回报社会

纪录片在说完巴菲特一生的三个投资阶段后，开始解析其成功的特质了，归结为两点：一是专注投资，简单生活；二是珍惜名誉，回报社会。这两点，巴菲特自己也比较认同。

对着这些半大的孩子们，巴菲特动情地说："60多年里，我几乎每天都跳着踢踏舞去上班，因为我很喜欢做我在做的事情。"因为从投资中获得了无限的乐趣和成就感，所以巴菲特在日常生活方面很节制，也很简单。他的快乐，是每天可以吃到麦当劳的早餐。他不买昂贵的艺术品，也不换更大的房子。即使已经八十多岁了，也仍然每天会花五六个小时用来阅读。

这时，查理·芒格又讲了一个故事：在一次聚会上，比尔·盖茨的父亲

让盖茨和巴菲特在纸上写下对自己获得成功最有帮助的一个词。两个人没有任何交流，却都写了“专注”二字。

但不管怎样，小伙伴们心里还是有个疑问，这两位老富翁，这么有钱，却又过着这么简单的生活，那到底图的是什么呀?

巴菲特回答：“在我的一生中，我花出去的钱，从来不会超过我赚的钱的1%，剩余的99%对我来说没有用。把那些对我没有用的钱，捐献给其他人，何乐而不为呢？”2006年，在比尔·盖茨及梅琳达·盖茨基金会的晚会现场，巴菲特宣布把自己99%的财富捐出来。而巴菲特的三个孩子，也分别有各自的慈善公益基金会。

电影就这样在两位老人的解说下结束了。好长一段时间里，小伙伴们都在思考，思考财富的意义和投资的精髓，思考股神何以成为股神，思考如何过上真正有意义的生活。

离开的时间快到了，小伙伴们请求两位大师最后给大家提一些建议。

巴菲特说：“除疾病之外，任何发生在我身上的困难，最终似乎都会随着时间而渐渐走向好的一面。我最重要的建议就是，珍惜你身边的人，把你最优秀的特质展示出来。你应该与那些积极的、可以激励你的人为伍，远离充满负能量的人，因为这种负能量会蔓延，进而影响到你的心态。你会发现，成功与乐观、积极息息相关，而与人为善，比IQ、比解方程的能力更重要。你们每位坐在这个房间里的学生，都有着无限的潜力，你们有精力、有很好的教育条件、有各种让你拥有成功人生的先决条件。你们只需要明智地选择与谁为伍。我祝福你们。”

轮到查理·芒格了。他说：“首先，你必须了解自己的天性。在我看来，每个人都必须在考虑自己的边际效用和心理承受能力后才开始加入游戏，如果亏损让你痛苦，那么最好明智地毕生都选择一种非常保守的投资方式。其次，要搜集信息。通过阅读获得各种各样的商业经验，并且在潜意识中养成

一种习惯，这样可以渐渐累积起投资的智慧。当然了，更需要独立自我的精神和多元思维框架。

“同样，我非常鼓励大家看高水准的传记。如果你一生中总是与那些有远见卓识的故人交友的话，那么你将生活得更好。比如，你可以看看《滚雪球》，看看桥水基金创始人达利欧的《原则》，看看苹果公司创始人的《乔布斯传》等，当然了，也可以看看我的《穷查理宝典》。”

查理·芒格说完后，大家相互拥抱，依依不舍。目送孩子们离开家门，巴菲特大声说：“我们来个十年之约，你们到时再来讲讲各自的成就。这几天，尽是我和老查同学在啰嗦了，下次我要听你们的。别担心，我是个投资乐天派，十年弹指一挥间，我会活得健健康康的。你们看，我们连自己的接班人都还没明确指定呢。”一番话把大家都逗笑了。

第六节　回来时正赶上两国贸易争端开启

为期10天的夏令营结束了。大家发现，当初每人兑换的5 000美元，都还剩下2 000美元。可一查汇率，美元对唐币的汇率从6.4升至6.7左右，唐币贬值了4%。对于汇率而言，这已经是非同寻常的波动了。此前，作为全球第一强国的美国一边减税，一边加息，加之贸易战的主动权掌握在手中，制造业、资金加速回流美国，这给其他国家尤其是唐人国等发展中国家的经济造成了很大压力。因此，唐币此时走弱，在一定程度上有利于唐人国的商品出口，可以对冲一部分美国加征关税的影响。不过，这个作用仅限于局部贸易争端和争端初期。

那到底是什么原因导致贸易争端的呢？羊力向导详细分析了起来。

贸易争端，公开的理由是因为唐人国每年从美国挣得贸易顺差高达3 000亿美元，美国觉得自己很吃亏，因此需要征收高额关税，以及让唐人国加大从美国的进口来弥补这种损失。两国明面上针锋相对，互不让步，但其背后实际的意图是世界第一大国对兴起的第二大国全方位的围追堵截。事实上，这些年来，通过融入以美国为主建立的以美元为主计价的世界贸易体系和各种全球治理体系，唐人国充分依托人多、工业体系完整和市场大的优势，在国际产业分工和贸易中占有了一席之地，从而迎来了长达40年的快速发展。但是随着唐人国的壮大和对自我发展方向和道路的坚持，美国渐有不可控之感，甚至感觉自己变成了这个体系的受害者，于是开始在全球的治理体系和贸易体系上做巨大的修改，甚至另起炉灶。这无疑对唐人国的发展来了个釜底抽薪。

但是，如果贸易争端持续升温，唐人国对美国的商品出口将锐减，这将极大减少其有效的外汇储备。再加上美国运用自己占据绝对优势的货币金融手段，可能造成唐人国各种资产价格大跌，投资形势恶化，从而影响经济发展。一旦唐币贬值的情绪加剧，在唐人国投资的外商和热钱如果大量撤离，形势会更加严峻。前车之鉴，不可不察。30年前美国就是通过强迫日元升值等综合金融手段把挑战者日本给遏制住的，使其随后20年都缓不过气来，史称“失去的20年”。

因此，为了避免这种情况，唐人国一方面需要启动内需，毕竟其最大的武器就是13亿人民的消费，要力争稳住房子等各种资产价格，同时通过各种手段，吸引外资留在国内；另一方面，更要推进产业结构调整升级，化解金融风险，同时改革那些阻碍创新的各种制度，以进一步提升效率和经济活力。

这该是一种旷日持久的竞争。而汇率作为一种竞争手段夹杂其中，其走势难以预料。这也正符合蒙代尔不可能三角定理：一个国家不可能同时实现资本流动自由、货币政策独立性和汇率稳定。也就是说，一个国家最多只能拥有其中两项，而不能同时拥有三项。如果一个国家想允许资本流动，又要求拥有独立的货币政策，那么就难以保持汇率稳定，如果要求汇率稳定和资本流动，就必须放弃独立的货币政策。

第七节　投机大王索罗斯的三场经典外汇战

汇率有变化，那就有投资机会。最稳妥的投资方式是存款，原则是利率高时存的时间长一些，利率低时短一些。但是，由于外汇市场变动频繁，不确定因素比起单一国家的货币更多，因此持有存款的时间不宜太长，以确保自己的主动权，否则会面临转存的麻烦和造成汇兑损失。此外，还需要考虑选择存何种货币，原则是选择汇率稳定、存款利率较高的货币。

如果要更高的收益，也可以根据不同货币的汇率变动进行买卖，获取汇率差，实现套利。由于汇率变动一般不大，所以实际上，激进者可以借债加杠杆。当然，如果图省心，也可以选择外汇委托理财，像基金一样省心省力。

为了让大家对外汇投资更加了解，羊力向导给大家讲了索罗斯对战几个央行的经典外汇之战，“战斗”惊心动魄，小伙伴们津津有味地听了起来。

★ ★ ★

1990年10月，英国正式加入欧洲汇率体系，其规定英镑对德国马克的汇率需维持在1：2.778和1：2.950之间。但自1989年开始的两年多时间里，英国经济开始陷入衰退，急需降低利率来刺激经济。1990年10月，民主德国和联邦德国统一，经济增速加快，需调高利率，以抑制通货膨胀。

为此，英格兰银行曾多次请求德国中央银行降低利率，以便英国降低利率，从而刺激英国的出口。但是德国央行在多次权衡利弊之后，一再拒绝了这种要求。马克的每一次加息，都让英镑的汇率面临一次贬值压力，从1992年年初的1：2.95跌到初夏的1：2.85，又跌至8月下旬的1：2.80左右。到了9月16日上午，英国政府决定将利率由10%提升至15%，但此时已无力缓解英镑下跌之势。当天晚上，英国决定退出欧洲汇率体系。而索罗斯领导的“量子基金”此前将做空英镑和意大利里拉的头寸由15亿美元加杠杆升级至100亿美元，因此以一夜赚得25亿美元而闻名于世。经此一战，索罗斯被称为“战胜英格兰银行的人”。

同样是他，在1997年开始的亚洲金融危机中，首先攻击经济对外依存度高而金融体系脆弱的泰国央行，迫使泰国在本就不多的外汇储备消耗殆尽后，无奈放弃固定汇率，导致泰铢暴跌。随后，摧枯拉朽，短短两年内东南亚各国陷入金融危机，货币纷纷严重贬值。索罗斯精心勘察，提前布局，在关键时刻给了这些国家致命一击，在此过程中共收获20亿美元，当时的马来西亚总理马哈蒂尔厉声斥责其为经济强盗，“暗中操纵了东南亚的金融市场”。

但后来索罗斯想在香港故伎重施，却大败而归，损失了大约8亿美元。首先他和炒家们在证券市场上大手笔沽空股票和期指，以此大幅打压恒生指数和期指指数，使恒生指数从1万点大幅跌至8 000点，并直指

6 000点。同时，大肆造谣说人民币顶不住了，马上就要贬值，且要贬10%以上。但没有想到，在随后连续10个交易日的干预行动中，有强大后盾支持的香港特区政府在股市、期市、汇市同时介入，和炒家们的立体攻击针锋相对，构成了一个立体的防卫网络，令索罗斯等无法施展擅长的“声东击西”或“敲山震虎”的手段，从而亏损撤退。

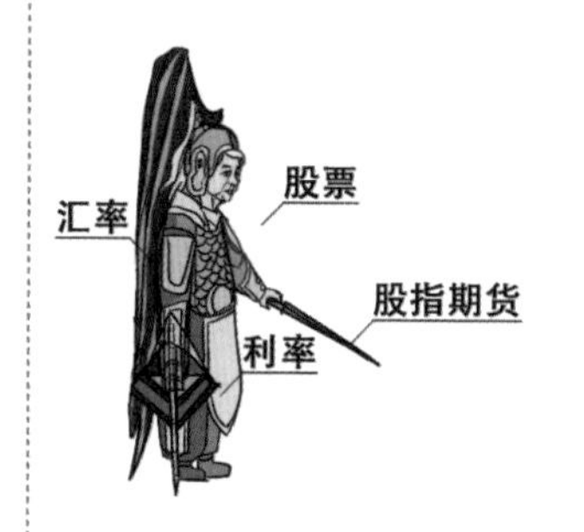

那什么是立体攻击呢？就是充分利用利率、汇率、股票、股指期货之间的联动关系，密切关注其薄弱之处，一旦有机会就“痛下杀手”。如果被攻击的货币贬值，炒家可以在外汇市场做空获利；如果被攻击的货币没有贬值，由于在这一过程中目标国的央行为保卫汇率，会推高短期利率而对股市形成打压，炒家则可以从股市上卖空获利。后来，索罗斯在其著作中曾谈到：“如果你把一般的投资组合看成扁平或者二维的，我们的投资组合则更像建筑物。我们建立一个三维的空间，用基本

★ ★ ★

股票作为抵押来扩大杠杆。我们用 1 000 美元至少可以买进 5 万美元的长期债券。我们卖空股票或者债券，即借入股票或者债券待其价格下跌时再买入。我们也操作外汇或者股指的头寸，多空都有。这样创造出一个由风险和获利机会组成的立体结构。”

羊力向导就是因为在对战英国央行和泰国央行的战斗中，跟准索罗斯的步伐，利用期货和期权的操作手法，做空英镑和泰铢，从而也获得300%的收益，一举获得“小索罗斯”的称号。

小伙伴们都感叹，原来身边的羊力向导这么厉害，真是“真人不露相”！不过话说回来，在巴菲特等真大师面前，他不低调也不行呀。

实业投资，另立山头，风险丛生，得如孙悟空那样七十二变，眼观六路，耳听八方，同时对内做好管理工作。

选择实业投资的方向，很是讲究些“旁门左道”的功夫。独树一帜，同时全力以赴，方能红旗不倒。

第二十二章

创业：需要孙悟空的“七十二变”能力

自取真经后，孙悟空被封为“斗战胜佛”，但其好动秉性难改，对清心寡欲的修行生活难以适应，时间一长，更是“猴子的屁股——坐不住了”。于是，他拜了财神做师父，学习创业。后下到凡间，在自己的老巢花果山栽起

了桃树，以原生态的方式培育着偌大一片桃园，线下线上销售并举。不到10年，孙悟空种的桃子已经享有“唐人国第一仙桃”的美誉，他自己也积累了丰富的创业和企业管理的经验。

但是，时间一长，孙悟空又觉得管理公司太麻烦，自己也很受约束，于是，便将仙桃公司交给了由几个德高望重的老猴子组成的公司董事会，自己优哉游哉继续去周游寰宇了。一千多年后，孙智圣和仙桃公司达成了战略合作，成为唐企僧和孙智圣公司桃子的独家供应商了。

应财神的要求，在花果山的仙桃园里，孙悟空给四个创业的小伙伴上了一堂创业课。他说，创业并非一朝之功，也需历经磨难，需要心理和物质上的多重准备。即使自己会七十二变，也难以有效应对万般变化的公司管理。

一是对人的管理。既然是公司管理，自然不能单枪匹马，有了员工，便存在如何协调和激励的问题。如果你的公司用五个人就够了，而你用了十个人，并不表示业务会成倍增长，反而是有可能连三个人干活的效果都达不到，还可能把这十个人都给耽误了。真可谓“一个和尚挑水喝，两个和尚抬水喝，三个和尚没水喝”。

一个好的管理者，其实就是一根好的杠杆，能有效撬动公司所有人的能力，激发他们的积极性。俗话说，宁愿让一头狮子领着一群羊，也不要让一只羊领着一群狮子。在协调和激励方面，要力争做到赏罚分明，并展示美好而明确的前程给员工看。孙悟空自己当初不就是冲着可以获得自由身才去历经磨难保唐僧取经的吗？让驴拉磨，还得在前面放一颗胡萝卜呢，更何况面对的是想法各异的员工。对犯了错的员工，孙悟空总是及时指出来并采取相应的措施。

二是对业务的管理。对行业和企业运营的各个环节都尽可能地去了解，以便知道它们的成本及问题所在，还有它们正面临的各种变化。这就需要有很好的战略眼光和精细化的管理。

此外，对行业内的各种竞争对手也需要密切关注。大家都是在一个锅里抢饭吃，因此就需要掌握抢的技巧，也要懂得他人有什么技巧。兵法说“知己知彼，百战不殆”，即是如此。

三是对财务的管理。从财务上可以看出太多的道道来。公司整体的运营成本和挣钱能力、每项业务及每个项目的盈亏情况，都可以从财务报表上一览无余。有许多项目就是经过财务预测后才决定不上马的，同样，经过财务分析，公司也会停止一些不挣钱的项目。管理者需要克服自己单纯靠感觉管理的习惯，尽管这种感觉在很多时候很重要。

在财务管理中有一个很重要的概念——现金流。即有多少现金流进自己的口袋，又有多少不得不流到人家的口袋里去。如果说公司像一个人的身体，现金流就是血液。血液没了，问题可就大了。尽管有很多好的项目，将来能给公司很大的收益，但是远水解不了近渴，如果现在缺现金，眼下都活不了，而将来的那些不过是空中楼阁，画饼毕竟充不了饥。

四是对自己的时间和精力的管理。天下诸多事情皆可以归为四类：重要而紧急的、重要而不紧急的、不重要而紧急的、不重要也不紧急的。对于管理者来说，排在越前面的应该占用自己越多的时间。这样，就能从纷繁的工作中揪出一根线来，不至于没了自己的主心骨。在管理中，随着公司规模的扩大和员工业务能力的增长，孙悟空也注重不断适当地授权，让他们渐渐地独当一面，自己则腾出手来想想公司整体的发展规划和更好地去挑选员工。如果凡事皆管，自己最终只能成为一个管家婆，而不是真正的管理者。

这一堂课下来，大家不禁感叹，一贯不服天地管的孙悟空，经过一番成功的创业，还真是性情大变样了。再一想到各自未来的创业，豪情万丈的同时又深感压力。

第一节　善财的牛学教育培训公司

善财已经上高二了。因为学习努力，又善于琢磨，因此积累了很多好的学习方法，有了自己的体系。因为善财的成绩好、人缘好，很多低年级的孩子都纷纷找他做辅导老师，经他辅导的孩子成绩提升比较显著，更关键的是性格也好多了，父母也比较满意和放心。慢慢地，善财的家教收入也越来越可观了。

铁扇公主的网上销售刺绣扇子的业务也越做越好，销售额不断提升，产品从当初的小扇子拓展为大屏风，单件产品的价格也高了很多。牛魔王所在快递公司的业务随着移动互联的兴起愈发蒸蒸日上，牛魔王由于踏实能干，逐年升迁，已经升为部门总监了，在公司运营和人员管理上的能力也得到了提升。自从戴上紧箍咒之后，牛魔王以前各种好吃喝、乱花钱的习性得到了很大改正，也变得更加积极上进了。

就在此时，发生了一件让人意外的事情。因为牛魔王所在的快递公司要上市，不免就有了股权之争和对各种元老级员工利益的分配问题。在一番斗争之后，公司管理层发生分裂，当初力挺牛魔王做部门总监的公司副总离职了，重压之下，牛魔王在得到200万元补偿金后也离职了。

牛魔王心有不甘，一下没了工作也很不适应。这时，善财想起了财神说过的一句话，于是写在一张纸上给牛魔王看："相信每一个问题都会同时带来一个礼物，每个危难都包含等值或更有价值的种子。因为被刺激或被逼迫，才会去改变生活。"

看完之后，牛魔王很有感触。想当初，自己一穷二白，但经过这些年的辛苦努力，不是也从贫困界起步到达了小康界吗？想到这一点，牛魔王一扫之前的颓废，振作起来。过了几天，他和善财商量，用200万元创立一个立足

中小学教育的培训公司，取名为“牛学教育”。牛学牛学，学了就牛了，同时也表明了公司姓牛。

打定主意后牛魔王在离善财高中不远的地方租了一间教室，月租金8 000元，请来菩提祖师[①]加盟。菩提祖师以前是才学小学主管教学业务的副校长，在数学方面尤其有丰富的经验，他带领的学生在全市的各种数学比赛中，获得了不少大奖，因此，一直有很多培训机构希望他加盟。菩提祖师退休的前夕，这种争夺战就更激烈了。善财和菩提祖师很熟，善财创办财游网时，菩提祖师就对他很欣赏，觉得他非常有创业眼光，是难得一见的可造之材，为此两人成了忘年交。因此，尽管善财还只是一个高二的学生，牛魔王的受教育程度也不高，但在善财几次劝说之后，菩提祖师终于心动加盟。毕竟在一个新公司，自己容易有主导权，可以更放心地践行自己的教育理念。

有了菩提祖师这面大旗，牛魔王父子又请来不少从主要教学岗位上退下

① 曾收孙悟空为徒，传授他七十二般变化、筋斗云，但却要求孙悟空出师后不能提起师门状况。

来的老师，同时也有一些其他机构的老师转而加盟，牛学教育整体的师资力量在整个行业已经算是很强了。因此，牛学教育成立不久就异军突起，生源多了，开设的课程也多了起来，两个月后，公司租了几个房间作为教室。公司对股权结构进行了调整——牛魔王一家占35%，菩提祖师占30%的干股（不出钱），剩下的35%分给了一些有实力的加盟老师。

面对这位风头正劲的新对手，有些老公司坐不住了，打起了价格战。受此带动，其他一些公司也纷纷加入。原来一堂1.5小时的课价格是200元，现在通过提前预订、几门课捆绑购买、推荐他人报名成功等方式，可以降到150元甚至100元。而价格一降，很多家长就更加心动了。面对这个形势，牛魔王、善财和菩提祖师商量，推出了“三板斧”。一是在寒暑假新开设几批连续5天共10个小时的集训课，引导孩子对学过的知识点查漏补缺，总共只需要100元，是平时价格的1/10。集训课一经推出，反响热烈，报名者踊跃，连网上报名系统都瘫痪了4个小时。二是推出上门授课服务。三人注意到很多孩子有个性化的辅导需求，同时在来回的路上又太耽误时间，因此牛学教育推出了上门服务，住得近的几个孩子可以聚在一起，由老师上门去上课。这样就更精细化和有针对性了，同时还节约了家长和孩子的时间。由于是正规的、有实力的机构来做，上门授课很受家长欢迎，学生的学习效果也不错。三是基于网络的个性化教学，通过网络由老师一对一地进行针对性教学，这进一步提升了教学质量，初步推出后反响也很好。

公司这三项措施稳步推进，牛学教育更加蒸蒸日上。公司成立满一年时，公司营业收入达到了1 000万元，净利润为100万元；满第二个年头时，公司收入达到3 000万元，纯利润达到1 000万元。

不料，这时国家教育部发了一个文件，禁止课外培训机构组织校外体系的各学科竞赛，同时也禁止把各种培训机构的竞赛成绩作为中学升学的重要依据之一。

受此影响，牛学教育业务下滑非常严重，招的学生越来越少，收费也越来越低了。而此前公司已经开始了扩张，在总部贷款2 000万元买了房子用作教学，在外地也不断拓展业务，招兵买马，在一些地方租下了为期5年的固定租金的教室。因此资金链变得很紧张。没办法，牛魔王、菩提祖师等管理层成员就不领工资了，对其他老师的工资也延后发放，能想的办法都去想了，但还是军心不稳，越来越多的教师开始流失。

眼看着公司就要断绝粮草了，菩提祖师甚至都建议公司关门，毕竟一直有很多其他的教育机构向他抛出橄榄枝。但善财等认准这个大方向，觉得没有过不去的坎，因此选择了背水一战。尽管铁扇公主非常不舍，善财一家还是变卖了一套投资的房子，换来400万元。同时，善财把投资的债券和基金也都纷纷退出来，又凑了100万元。有了这500万元，公司燃眉之急暂缓，军心逐步稳定了下来。同时，善财也慢慢做通了菩提祖师的工作，让他答应继续留下来。

这样艰苦的日子持续了半年。半年里，牛魔王一家可谓节衣缩食，全心备战，生活标准一下子又重新回到温饱界了。好在半年后行业又开始慢慢转暖了，毕竟升学就业的压力一直在，每个家长都希望自己的孩子能提高学习能力和考试成绩，这种持续的需求绝不是一两份文件所能扼杀的。

在菩提祖师的建议下，他们成立了一个名为“学医”的研究院，针对孩子成长过程中出现的各种问题，对孩子的发展进行“把脉问诊”，并在性格、学习习惯和能力的培养方面提供建议及具体的指导。研究院开办一段时间后，效果很不错。

慢慢地，牛学教育开始在孩子真正的素质教育上下大工夫，推出了“家长讲坛”，由家长来给孩子们授课，讲授自己专业的入门知识。因为很多父母都是所属领域的专家，他们的专业能力和视野对孩子们的教育非常重要，因为是自己的父母，所以在孩子们中间更有号召力和影响力。而且因为是教自己的孩子，所以家长们也更用心。双方的互动越来越成为良性互动，亲子关系也变得更好，家庭氛围也更融洽了。

同时，牛学教育以前推出的网络化的个性化教学模式，随着互联网发展速度加快，也越来越受到学生的欢迎。慢慢地，各地的一些优秀培训老师也纷纷加盟。由于老师的收入分成比例很大，积极性都很高，生源范围也越来越广。一年之后，牛学教育在网络个性化培训方面已逐步领跑行业了。

第二节　唐企僧和孙智圣的仙桃长生公司

自从父亲唐长生因研发不老药失败自杀之后，唐企僧花了很长时间才从丧父的悲痛中走了出来。公司也一直由原来的创业伙伴惨淡经营着。

这时的孙智圣尽管才16岁，但已经显示出了充分的科研天分。唐长生生前本来就有意把他当作未来研发长生不老药的好苗子而着力加以培养，对他倾囊相授。因此，孙智圣对唐长生的不老药的秘方也很了解。

唐长生自杀之后，孙智圣对产品和实验仔细地进行了分解与研究，一直想找出失败的具体原因。

在一次实验中，孙智圣一边吃着桃子，一边思考着实验结果。突然他灵机一动："如果往里头放一些桃子会怎么样？如果是王母娘娘蟠桃树上长的仙桃呢？"《西游记》中说"（王母娘娘的蟠桃园）有三千六百株（桃树）：前面一千二百株，花微果小，三千年一熟，人吃了成仙了道。中间一千二百株，层花甘实，六千年一熟，人吃了霞举飞升，长生不老。后面一千二百株，紫纹缃核，九千年一熟，人吃了与天地齐寿，日月同庚"。说干就干，他回到花果山，开始漫山遍野地寻找蟠桃树。当初孙悟空大闹蟠桃宴，从天宫带回了很多蟠桃给猴子猴孙们。桃核到处扔撒，有些埋没在了土中，多半生根发芽长成了桃树，结了果。加上原有的自然的蟠桃树，到现在都分不太清哪些是仙桃，哪些是普通的蟠桃了。

于是，孙智圣开始了对蟠桃树的甄别工作，一个月后已经区分出了十多株仙桃树。他将仙桃树与普通的蟠桃树区隔开，让仙桃树之间互相传播花粉。很幸运，仙桃树结出的桃子果真不同凡响。

接着，孙智圣从这些仙桃中提取出了一种特殊的物质，在对唐长生原有配方改良的基础上，将新物质放了进去，不断调配各物质的比例，经过一年的实验，研发出的药品终于具备了延年益寿的神奇功能。实验对比非常让人乐观，通过对照检测，他们的衰老速度减缓到原来的1/12。这真是一个让人振奋的消息。孙智圣准备半年后将产品大规模推向市场，重振公司的辉煌。为此，他们将公司的名字改为“仙桃长生公司。”

但没过多久，市场上出现了类似的产品，也主打王母娘娘蟠桃的神奇效果，市场反应很不错。经过一番秘密调查，孙智圣发现原来是六耳猕猴之前化名一直在唐长生的公司做研发部的副经理，盗取了部分配方，并另起炉灶开了新公司。六耳猕猴还对侦查机关的人员承认，自己此前在唐长生在人身

上做实验时，加入了一种麻醉毒害神经的物质，才导致实验者变成了僵尸。而正是因为这件事，唐长生才绝望自杀。

于是，执法机关对六耳猕猴的公司进行了法律处罚，禁止他们生产类似的产品，从此六耳猕猴的公司一蹶不振。仙桃长生公司的产品如期推向市场，广受客户欢迎。同时，孙智圣还对花果山的蟠桃园进行了精心管理，并申请了仙桃的原产地保护。

第三节　龙命子的龙命网游公司

龙命子出身豪门，从玩游戏起家，爱好编程。每当他遨游在网络虚拟世界中时，感觉就像在自己的王国里巡行，自由自在。有一次他遇到了一个高人，对他说："光做一个程序员没有用，关键是能否出想法、出产品，你的劳动能否被社会承认，为社会创造财富。"

当时，各种网络游戏很火，很多中小学生乃至大学生都玩得不亦乐乎，尤其是《帝者之光》这款游戏，更是势如破竹、独占鳌头。很多学生由于过于投入网络游戏当中而逃课、辍学甚至出现过劳死、自杀等问题。同时，因为游戏是大量玩家互动，造成了玩家之间的攀比，很多人投入大量精力和金钱。游戏中打打杀杀、强者为王的情节也给正处在世界观形成关键阶段的青少年散布了精神污染，使他们失去理想，失去道德感和责任感，在极端情况下，甚至失去做人的起码准则，引发社会犯罪。

龙命子本身以前就是一个游戏爱好者，也曾深受其害。于是，他想："有没有好的方式来实现好的目的呢？寓教于乐，寓教于游，一直是大家倡导的，从这方面起步，会不会是一个突破口呢？"思来想去，在一次看历史书的过程中，他突然想到："是不是可以开发一款历史演义游戏呢？人物尽可能真实，重大事件也尽可能去还原，并尽可能地去以生动活泼的方式来传达，而老师也可以参与进来。”

想做就做，因为龙命子家大业大，所以在资金方面倒也没有太大的压力。龙命子组织了研发设计人员，立足明朝二百多年的历史，围绕其中发生的十几个重大的故事，以游戏的形式展开情节，激活了一个个鲜活的人物，并把经济、经营管理和人际关系处理等素质教育的内容也贯穿其中，做成了“明朝游戏争霸赛”。为了保证尊重历史，龙命子请了一些明史专家来对内容和场景进行把关。为了防止用户沉迷游戏，游戏还限制了时间，并且创造性地采取激励措施，邀请历史老师等在讨论社区进行引导，甚至布置作业，完成作业的用户会得到奖励。

游戏在半年之后推出，一开始市场反应一般。为了做到1万的用户量，龙命子亲自去各个大学一个个拉用户，同时在网上推广，后来用户量算是上来了，但还是没人聊天。龙命子又要陪用户聊天，有时还要换个头像，假扮女孩子，把游戏社区的气氛烘托得很热闹。随着推广的加入，游戏用户口碑也越来越好，很多家长都开始慢慢发觉孩子的变化——他们对历史更加感兴趣了，在性格培养、习惯养成和思维方面都有了很大的进步。随着时间的推进，越来越多的学生参与了进来，同时也有了不少成年用户。

一年之后，龙命子的公司又陆续推出了宋朝历史游戏、唐朝历史游戏，同样获得了好评，用户数量猛增，公司的广告收入也突飞猛进。

富足界：不知足后谋大富

善财17岁那年，一家人终于进入富足界了，聚宝盆显示的“钱江堰”如下图所示。

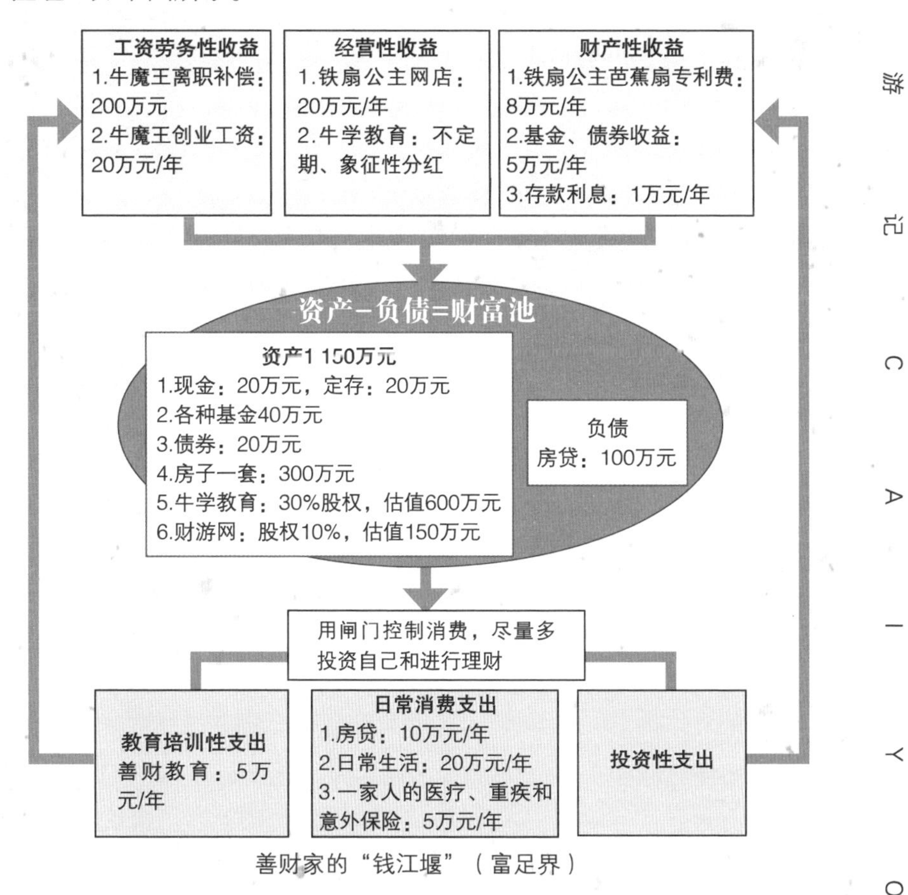

善财家的“钱江堰”（富足界）

富足界是财富山的第四层。由于唐人国改革开放40年带来的经济持续发展，升级到富足界的人数大大增加。他们多居住在偏高档的小区，工作在高档写字楼，有些还有自己的公司，对生活水准和品质更是讲究。他们绝大多数是脑力劳动者，受过系统的良好的教育，以知识创造财富。靠着自己的眼光、能力或者父母的积蓄，他们一般通过在低位买房或者投资股市等赶上过一次以上财富大升级的机会，家庭可投资资产一般为100万—2 000万元唐币。他们明了竞争的残酷，深知教育和学习的重要性，因此注重投资自己，对子女的教育更是竭尽全力。他们注重锻炼身体，这些年兴起的大众马

拉松就是他们和小康界中产阶层的标配运动了。但同时他们也很焦虑，总担心财富流失和阶层下滑。

由于花了较多时间去参与经营管理牛学教育公司，再加上以前熟悉的老画家已经去世了，因此善财停止了坚持多年的敬老院陪聊业务。至于此前的家教业务，也转到牛学教育公司里去了。而由于创办牛学教育成功，以及财游网的增值和房价的上涨，这些使得善财一家的财富超过1 000万元了。而这正是一个富足家庭的大体门槛了。尽管其财产收入大部分能覆盖各种消费，但还不是很稳定。

按惯例，财灵要在升界的时候给善财一些嘱咐，他说："通过投资房产和自己创业，你已经进入了富足界，也就说明你已经站在社会的中上层了，你会具备与以前不一样的眼光和平台。金钱开始慢慢成为你的工具和奴隶，更好地为你的事业和生命价值服务。富足了，也不要知足，你一定要持续学习，顺应社会的发展趋势，不要逆势而行，更不要局限在以往的成功中。在这一界里，你需要了解房地产投资，住房关乎一个人的生活品质，很重要；同时，投资房地产需要的本金多，一般也会运用到杠杆，因此更需要慎重。接下来，收藏品兼顾个人爱好和财富的保值、增值以及传承，因此可以适当了解参与。而股票和资本市场不断滋生和吞噬着巨额财富。要想进一步爬升到财富界，股票应该是很难绕过去的。当然，期货期权也要了解，它产生和消耗财富的速度更快更猛，用好了，也是升界的大利器。"

“安得广厦千万间，大庇天下寒士俱欢颜。”房子不仅可以是一个家，也可以用来投资，适宜有一定资金实力，且能承担房市动荡的人。

“兔子不吃窝边草”，可房地产投资却不吃熟不行，否则极有可能淹死在泡沫四起的暗流中。房地产投资，要倡导狡兔三窟，只是各窟有各窟的造法。

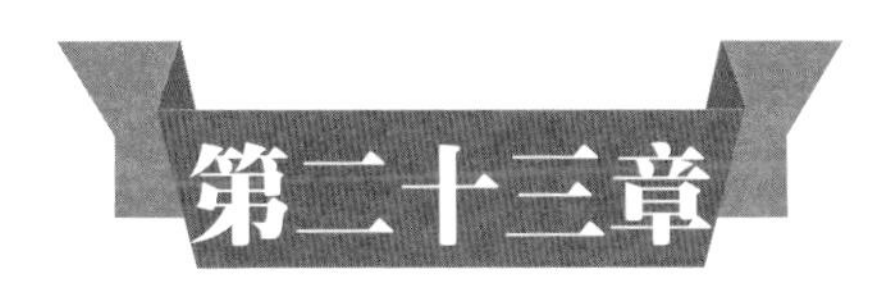

第二十三章 房地产：善财家的“狡兔三窟”

第一节　贷款成功换大房

这一年，善财已经如愿考入了著名的京城大学，成为一名大学生了。他的专业正是投资学。而唐企僧和孙智圣也早他两年考入了这所大学，至于猪情戒，自然考进了京城电影学院。

善财家70平方米的房子已经很显小了，需要买一套改善型的房子。经过这些年的发展，家里也有了一定的经济实力。

这段时间，善财在网上看了玉兔和黑风怪[①]就房价的论战（见图23–1）。玉兔是坚定的看多派，她本身就是一个房地产公司的老总，积累了很多行业

① 黑风山上修炼成精的妖怪，因为偷去了唐僧的袈裟而与孙悟空争斗，后被观音菩萨收服后在南海落伽山当了一个守山大神。

数据，对国家政策及意图的把握很到位，不是单纯地就房价论房价。她认为，在唐人国经济持续发展、城镇化推进和土地财政的共同作用下，应对房价持续看好。而黑风怪则是大空头，他顺应老百姓对高房价的不满情绪，多从理性的角度分析房价，并用国外的房价收入比拿来作比较，说国外一般工作5—8年就可以买一套不错的房子，而在唐人国得20年以上，因此看空房价，认为泡沫随时可能破灭。他们各执一词，双方都有很多粉丝，争论得不可开交。善财关注了一阵子，觉得两方各有道理，但自己更倾向于认同玉兔的观点。之后，在一次玉兔组织的粉丝会上，善财和玉兔认识了，并成了朋友。玉兔很关心善财，在他买房的过程中给了很多指导和建议。

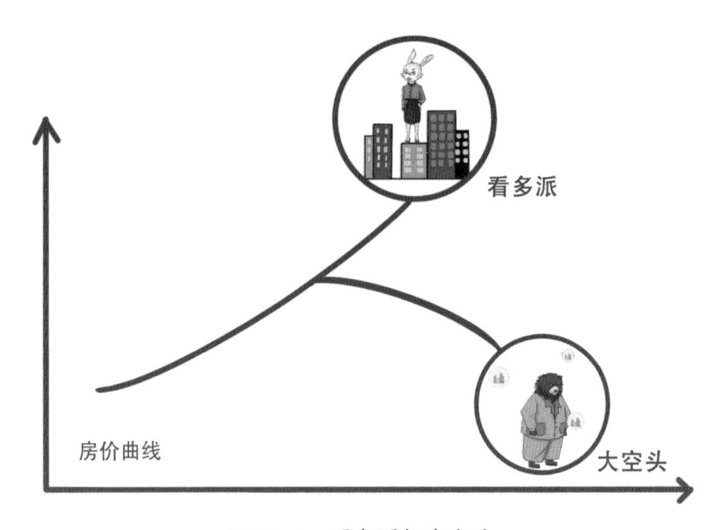

图23-1　看多派与大空头

多比多看后，牛魔王一家终于选中了城市中心地铁边上的泉金家园，相中了一套140平方米的三室一厅，总价为500万元（含房屋买卖中的交易成本，如契税、大修基金等，这些绝对不能忽略），加上装修30万元，共计530万元。

正在这个节骨眼上，美国发生了次贷危机。什么叫次贷危机呢？主要是银行给了很多根本不具备还款能力的人贷款，让其买房，一开始，由于房价上涨，房主和银行都能从中获利。但是后来随着房价越来越高，新买房的人每月的还款额越来越大，买房的人也越来越少了，终于有一天房价不再涨了。这时，那些短短两三年里获利50%以上的投机者开始卖出房子，随着卖房子的人越来越多，房价转而开始下跌。房价一跌，银行就要求很多房主追加抵押物，否则就收回房子。很多人没有钱，只好卖出房子，于是造成了恶性循环，房价加速下跌。接着，次贷危机开始扩展成为金融危机，大家都没钱消费了。作为唐人国最大进口国的美国的人民的消费水平一落千丈，这对唐人国的出口造成了重创，由此大大拉低了经济增长速度。唐人国的房价也由此开始了一轮大跌。很多地方都出现了房主断供的现象，也就是说，房主已经没有能力来还款了。整个过程可真像倒了一副多米诺骨牌。

看着房价不断下跌，很多潜在买房者心里都开始打鼓，要不要再等等呢？房价会跌到什么程度呢？善财也很犹豫，并再次咨询了玉兔。但玉兔认为，只要经济不崩盘，中长期能转好，这个价格就有足够支撑，因此该买就买，不要犹豫。于是，牛魔王一家和卖方进行了讨价还价。房子已经空置了3个月，房主也急需用钱，因此降了50万元，最终以450万元成交。

经过考虑和仔细计算后，牛魔王一家决定付首付200万元，剩下250万元房款选择商业贷款，利息是4.9%，这比公积金贷款要高1个百分点以上。至于贷款期限，摆在他们面前的选择是10年、20年和30年三种，他们选择了20年。

接下来，等额本金法和等额本息法之间该如何选择呢？等额本金法是指每个月还款含固定的本金和不同的利息，因此每个月的还款额是不固定的，前期多，后期少。250万元贷款额，按此法计算的话，每月还款20 625元，20年下来总还款373万元。而等额本息法每个月还款总额是固定的，但作为其组成部分的本金和利息每个月都不同。按此法计算的话，在以后的

20年里，每月还款16 300元左右，20年总还款393万元。两相对比，后者的前期还款压力小一些，但后期压力大，所以更适宜工资收入不断增长的年轻人。

但是，如果在还款期间利率发生变化，可就不一定了。如果利率上涨，因为等额本金法所剩的本金少，相应地需要支付的高利率利息也就少了，所以等额本金法比较合算；如果利率下降，因为等额本金法所剩的本金少，所以就只有较少的本金可以享受到低的利率，所以等额本金法就不太合算。

经过考虑，善财决定采用等额本息法，这也方便更好地规划每月固定的还款额。此后，他们一家每个月都需要还1.6万元了。

房子拿到手后，经过装修通风，半年后，善财一家搬进了新房。在这半年里，为了有效应对经济衰退，国家出台了大量的投资计划，投了很多钱去兴建高铁、高速公路和各种基础设施，经济一改颓势，又重新恢复了以往的高速增长。京城的房价在经过不到一年的短暂下跌后，再次从底部起跳，大涨起来，反而比危机前还涨了30%。

而在此期间，因为牛学教育的迅猛发展，公司也拿出了1 500万元，在下跌期间购买了500平方米的办公用房，一年不到，也涨了40%。这期间，关于房价的段子还有很多。玉兔讲了两个给善财听。

★ ★ ★

今天和出租师傅聊天，他教育我说：“做人要知足常乐，不能攀比，咱比上不足比下有余就行对吧？不能被别人绑架着生活，别人爱咋咋地，自己要按自己的想法活，到了这年龄都得想开。”我说：“师傅，你心态真好，羡慕你。”他说：“不行，我以前也不行，执拗，想不开。这不拆迁了吗，分了三套房，才想开。”

★ ★ ★

单位新来了个电工，年龄有点大了，但干活特勤快。他的月工资也就4 000多元，大家都以为他家里条件不好。后来才知道他家前几年拆迁，现在在浦东有11套房出租。他闲着玩了两三年，肾结石、痛风都得了，于是出来找事做，不为别的，他说每天出一身汗，回家挨着枕头就睡着了，啥病都没了。

第二节　以租养贷买二手房

这之后，不光是首都，一些二线城市的房价也开始了上涨之旅，于是善财一家想在汉武市买套房子投资。善财一家租过很长时间的房子，比较清楚不同地段的租金，同时还注意到近年有些地段的租金在不断上涨。因此，如果贷款买一套房子出租，每个月收的租金在还完贷款后还能有所剩余，岂不可以空手套白狼？这其实就是大家常说的“以租养贷”了。

牛魔王一家考察了汉武市不同地段的房价和租金。经过比较分析，终于在未来的地铁沿线看中了一套90平方米的二手房。因为对房地产较为了解，因此善财在与卖主和中介的交谈中多留了几个心眼。是哪几个心眼呢？

一是看房子能否正常交易，不动产权证能否顺利拿到手。很多买主认为，一手交钱一手交房，只要自己拿到房屋的钥匙入住了，房子就是自己的了，实际上大错特错。如果在过户之前将房款支付给了卖主，后来发现不能过户，风险就太大了。此外，如果房子已被卖主抵押，买主不就成冤大头了吗？另外如果入住进去，发现卖主拖欠了供暖费、物业费等，买主就不得不再替上家买单了。

二是合同条款是否详细公正。过于简单的合同极有可能是中介和卖主共同布下的一个陷阱，买的没有卖的精，不得不防。买主主要看合同是否有关于房子本身的质量、房款数额、付款时间及方式、入住交验、费用明细等的相应条款；是否说明相关的违约责任如何承担；等等。因此，一定要将中介收取的费用，以及买主需要向相关部门交纳的费用了解清楚，最好在合同后附详细费用清单，避免额外出钱。

三是一定要有正规的物业交验过程，并且不要一次性支付全款给中介和业主，而应在物业交验的费用结清及房屋的验收工作完成后再付剩余房款。

善财存了这三个心眼，跟中介一谈，果然发现一个大问题——原来，是租这套房子的房客偷偷找来非法中介，想捞一票就走。自然，这套房子没有成交。

后来，善财又从网上得知，有一个房主因为搬迁到外地，需要转让房子。他也是贷款买的房子，90平方米，贷款期限20年，已经还了8年了。经过一番考察，善财认为该地靠近商业区，有许多白领在附近上班，租出去应问题不大。此外，房价应该还有上涨空间。最后，双方商定好房屋以60万元成交。牛魔王一家把房子简单打理后，迎来了一对年轻的夫妻房客。

可惜好景不长。一年之后，年轻夫妻退租了，下一个房客住了不到两个月，连房租都没付就跑了，随后房子空置了半年。对牛魔王一家而言，租金收入没了，可每个月两套房子的贷款雷打不动地要还，为此一家人甚至还动过延长还贷期限的念头。因此，在以租养贷的过程中，需要考虑租金的变化趋势。

一年后，随着地铁通车日期日益临近，这套房子的价格也是“兔子跟着月亮跑——沾光”，一路上扬。到地铁两年后正式通车时，房价已涨到每平方米1万元了，也就是说在短短的两年内仅房价就涨了超过50%，牛魔王一家欣喜万分。

但是，有一次铁扇公主踩了一个大坑。她在商场里收到一份宣传单，是

一个滨海城市的产权式酒店的广告。客户可以先买断产权，之后的20年里再托管给酒店，每年有6%的分红收益。此外，每年还可以免费住上一周。铁扇公主粗粗一算，这和月供差不多。20年之后，房子可以白得，何乐而不为呢？见其心动，销售员一直劝说铁扇公主抓紧时间定，因为还有两个小时项目就统一提价20%了。于是，铁扇公主来不及和家里人商量，自作主张花30万元定了一套50平方米的酒店套间。可后来的情况却远非预想得那么美妙。因为地理位置偏、人气不旺，一直经营不善，在返了一年的6%的收益之后，酒店直接关门跑路了。更气人的是，办完产权的当天，铁扇公主就无意中发现这家酒店的售价明显比旁边另一家同一档次的酒店贵了20%以上。后来，玉兔对善财说，这其实就是开发商筹集资金的一种方式，也相当于一个定期固定理财产品，只是风险大，爆发了。

第三节　炒房团的一胜一败

唐人国的章州市地处沿海，四季和风拂面，盛产米鱼花果，是休养生息的安逸之所，号称“夏门岛的后花园”，据夏门的距离不过80千米，后者的房子均价已经突破4万元/平方米，而章州的房价每平方米才6 000多元。

当时，已有传闻章州市区有两片旧城以及六个自然村要征迁。有高人分析道，拆迁户大约有1.5万户，平均每户至少握着百来万元拆迁补偿款，此刻拉升房价，不愁没有接盘侠。均价低、流通盘小、有旧城改造的刚需，再配合学区房和夏章同城化的概念，是个很适合讲故事的地方。

于是，铁扇公主和一些客户朋友，组织成了松散的“炒房团”。团员都是她网店的忠实客户，团长以前是一个炒股高手，传闻以前在股市通过“联手坐庄”挣了不少钱。这一次，他把这种在股市里操纵市场的方法，娴熟地“嫁接”到了房产领域。在一次内部交流会上，团长说：“这些年，房价的平均上涨速度也仅仅是跟着印钞机的速度而已。所以如果都是用全款的方式去买房，算上折旧的话，实际上连资产的保值都做不到。所以投资房产，策略有两个：一个是紧跟政府的指挥棒，寻找政策之下的价格洼地；另一个就是利用杠杆。其实，炒楼和炒股差不多，找准有题材、有概念的楼盘，联合坐庄吃下市面上的流通盘，而且要吃小户型，这样成本低，收益率高。其中，最核心的是运用杠杆原理，以小博大，借助银行贷款把投资放大。比如，首付30万元，就可能把一套100万元的房子买下来。买下来可能过不了多久就翻倍了。如果以200万元卖出，除掉贷款的70万元，如果不考虑税费利息，可以说是用30万元的成本挣100万元，收益率高达300%以上，远比炒股刺激和轻松呀！”

一番踩点调查后，他们首先买入了章州一所重点中学的“学区房”二手盘，该小区内的“流通盘”不到40套，面积介于50—90平方米。炒房团用了不到1 000万元的资金，便一把吃下“流通盘”，这就相当于控制住了该盘近乎全部的流通市场。炒房团在其他楼盘如法炮制，陆陆续续在市区购买了接近300套小两居，总共花出去不到1亿元。这几乎扫掉了章州二手房交易市场1/3的存量。此刻距离6月份他们进驻时，刚过去三个月，而章州的房价已在他们的刺激下，每平方米涨了近2 000元。

同时，他们的团队还另外找到一个准备开盘的楼盘，上门和开发商谈合作，答应可以一次性买下1/3的房产，前提是给予内部优惠，每平方米降到4 200元，但对外必须宣称每平方米售价6 000元。这是个双赢的交易。对开发商来说，开发一个项目所需的资金量极其庞大，项目开发完成后，如果销售过慢导致资金回笼不了，资金链断裂，就会形成财务危机，更严重的就是破产。而游资炒房团找上门，开发商就当薄利多销，解决燃眉之急，先把各种借贷还上，剩下的就可以和当地中介及游资配合，捂盘惜售，统一提价，一唱一和把房价抬起来。如果能再做通当地知名小学的工作，设个分校，那就是暴利的"学区房"项目。

为规避监管风险，炒房团从老家亲朋好友那里借来身份证，甚至通过中介公司找农民工买身份证的使用权，之后再找七大姑八大姨的公司配合，给每张身份证出一份收入证明。这样做不仅悄无声息，还能拿到贷款优惠。而银行也难以对每个人进行认真核查。

大量的房子买到手了。接下来，炒房团找到在章州当地有垄断地位的房产中介机构合作，开始一天一天地刷新手中房产的挂牌价格，甚至通过对倒交易的方式抬高房价，从而制造出房价快速上涨的迹象；而其他非炒房团的房东也会跟风抬价，甚至撤单观望，这样市面上的流通盘就不会扩大。同时，中介机构也会开始通过媒体、论坛、公众号等途径，为"夏章同城化"、学区房、江景房等概念造势。

接下来，这个偏居唐人国东南一隅的四线农业城市，在市区人均收入仅为约3 000元的情况下，市区房价却以近乎"一天一价"的态势上涨，卖主经常前一天晚上和买主谈好了，第二天就反悔要涨价20万元。很多买主在再三犹豫彷徨之后，面对不断突破1万元、1.5万元、2万元、2.5万元的房价，迫不得已还是赶鸭子上架，连滚带爬地登上买房还贷的列车。

而到了高点时，炒房团手上的近300套房子已基本都转手，当时投出去的

1.2亿元，净赚约2亿元，已经开始寻找下一个城市。铁扇公主投入了200万元参与买了5套房子，最终挣了300万元。一年的时间里有这么大的收益，可谓完美。

但是，炒房团却在双庆折戟了。论地位，双庆是直辖市、国家中心城市，政治地位高过西部所有省份。论地理位置，双庆位居西部位置核心区域，气候适宜，环境宜居。更关键的是，它的房价因为长久以来的供大于需，每平方米不到1万元，比其他重点省会城市都要低不少。在很多人看来，这就是一个价值洼地。因此，在承接特大城市人才回流的基础上，应该会有一波大涨。同时，任职多年、一直打压房价的市长因工作调动要离开双庆。于是，全国各地的炒房团闻风而动，众多投资者像苍蝇闻到血一样蜂拥而至，准备去双庆捞一把。

炒房团猜对了开头，纷纷入场买了不少房子，却没有想到政府抑制炒作的决心。基于落实“房子是用来住的，不是用来炒的”的最高指示，双庆这一年出台了新政策，规定对在双庆无户籍、无企业、无工作的“三无人员”新购首套房也要征房产税；并且规定住房取得房产证两年后才能再次交易。这一下子就限制了炒作的空间。而首付150万元、贷款200万元买了三套房的铁扇公主，眼睁睁地看着房价已经上涨了20%，可就是无法卖掉，甚至就算是把房价降低一点，都没有人来接盘。最令她揪心的是，银行利率一直在悄然上涨，自己每个月所背负的还贷压力越来越大，现金流也越来越紧张了。

一个月后，铁扇公主认识的一个炒房团成员就因为借钱过多，杠杆过大，每月还不起房贷，投资的房子被银行收回，该成员万念俱灰之下，跳楼自杀。

第四节　房价高涨的秘密

最近十多年，很多城市的房价几乎涨了10倍以上。为什么一直持续走高？其价格走势有规律吗？善财向玉兔请教，玉兔当然也是不吝赐教了。

一切物价上涨都是通货膨胀现象。十多年前，唐人国GDP为10多万亿元时，货币供应量也就10多万亿元。现在，GDP增长了5倍，到60多万亿元了，可是货币量却增加了十几倍，高达150多万亿元了。而房价涨幅和货币发行量增幅基本相当。但是，为什么房价能跟上这种涨幅，而有些东西比如电脑、手机、汽车等本质上是降价的呢？这里就是供需规律在起作用了。如果一个东西真的供过于求，货币哪怕再泛滥，这个东西的价格跌掉一半也有可能，比如手机的功能越来越多，性能越来越好，但价格却稳中有降。

但房产就不一样了。房产之所以涨价，和地价密切有关。而推动地价不断走高的因素有三个。一是土地本身就供不应求，开发商需要的土地多，但政府每年推出的土地少。二是用拍卖来销售土地。拍卖本身的规则就是价高者得，在僧多粥少的情况下，拍卖制本身会推高地价。三是旧城改造，以当地市场房价进行货币化拆迁补偿会进一步推高房价。为什么呢？如果这个地区的房价大体是7 000元/平方米，政府拆迁1 000户，每户有100平方米，这10

万平方米怎么补偿？大体上按照这个地区的均价来补偿，这是拆迁的基本逻辑。所以拆迁10万平方米的土地，地价为7 000元/平方米，加上建筑成本和资金成本，以及企业利润，造出来的房子价格很可能会到15 000元/平方米。过了一两年，这块地旁边的房子要拆迁，拆迁的成本就不是7 000元/平方米，而是15 000—20 000元/平方米了，以这个地价成本拆房子，造出来的就会卖30 000—40 000元/平方米。

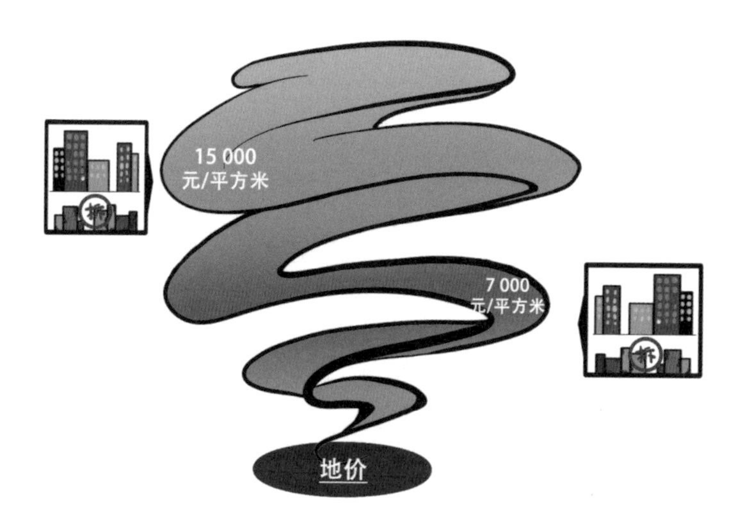

当然，很多城市不缺土地，实际上低效存量用地很多，却难以变为高效的房产开发用地。因为土地占有者都想从较高的土地收入中获取最大利益，但却缺乏腾挪置换土地的体制和具体的方法去协调各方利益。由此，新增的房子越来越少，建出来的房子成本也越来越高，但刚性购房需求依然存在，且不断累积。一旦政府由于经济增速下滑或地方财政收入下滑而放松调控，刚需很快回到市场，但供给却持续保持在低位，结局自然是房价出现新一轮暴涨，由此也不断强化了购房者关于房价“只涨不跌”的预期，使得压低房价的努力变得越来越困难。

第五节　房价向何处去

房价向何处去？这是善财很困惑的问题，也是社会广为关注的问题。一天，善财和铁扇公主去向玉兔面对面请教。

本质上，房价高低的决定权在政府手里。强有力的唐人国政府，手握诸多有效的房价调控手段，比如增加土地供给和房屋供给，减少货币化拆迁补偿，推出房地产税，等等。

但是，这些重量级的措施一旦真的出台并持续发挥威力，可能房价就难以平稳，甚至要面临大跌风险。这当然不是政府所愿意看到的了。因为很多地方都靠卖地收入来维持政府运转、城市建设，保障百姓的基本福利。一旦没有了卖地收入，可能会出大问题，而短期内又难以找到能够替代卖地收入的其他收入。此外，房子吸收和沉淀了太多的货币流动性，并且政府通过限购、限卖等手段大大减少了流通，从而有力地控制了通货膨胀。不然，天量的货币从房地产行业流通到市场上，物价怕要涨上天了，恐怕很多老百姓的日常生活都难以为继了。

此外，历史也多次证明，当经济不行、有大危机时，政府一般会挥舞“三板斧”——货币宽松、搞基建、拉房地产。尽管粗暴，还有负面作用，但是见效快，所以政府也常常采用。正如玉兔引用某人说的“房地产就是一个夜壶，只要宏观经济不行，就拿出来用，不需要就踢到床底下”。

正是有这种纠结的切身利益，当房价面临大跌风险或者需要用房地产来救经济时，政府往往会提前采取措施来托住房价，比如通过减少土地供应、限制开发商融资和拿地等措施来减少商品房供给。此外，各地政府还通过“抢人大战”，新增大量的外来需求，来进一步维持房价。

但是，长期而言，面对高房价，政府又不能做鸵鸟、把头埋进沙子视而不见。因此，唐人国明确了“房子是用来住的，不是用来炒的”的长久政策定位，一方面，政府通过各种手段，通过限定购房资格，提高首付比例、贷款利率等措施来限售限买，减少投机资金流通和出逃，从而避免新增甚至化解原有泡沫风险；另一方面，加大保障房和人才房建设，推荐共有产权房，70年只租不售房等，从而确保“民有所居”。

同时，普遍预计差别化的房地产税也将会择机出台，这无疑会对炒房有很大的遏制作用。因为有了房地产税以后，业主每年要固定交一笔可观的税费，会使得持有房子的成本提高，而如果房价上涨又不足以覆盖这些成本，那么一些房主就会考虑卖出房子。卖房的人多了，房价上涨自然也会被遏制，甚至可能转而下跌。此外，房地产税也可能是将来取代土地财政的主力税种，其意义非常重大。眼光更长远些看，由于总人口将从高峰滑落，对房产的需求自然会减少，这些无疑将阻碍房价进一步上涨，甚至可能导致房价大幅下跌。

但目前一段时间内，由于国内外宏观经济的周期和不确定性，房地产政策会如何出台、行业会如何发展，玉兔也很不确定。但她真心希望，不要再把房地产当作“夜壶”应急使用，也不能再进一步累加房地产泡沫乃至牺牲房地产的正常发展了。

收藏品投资，可以“一鸣惊人”，也可能“一沉到底”，风险和收益都很大，适宜眼光独到、“有两把刷子”的人。

“囤肥居奇”自古以来便是商人的制胜武器，也是收藏品投资者挣钱的不二法门。但是，识别什么是“肥”“奇”，何时出货，可得要有东海老龙王的独到鉴宝眼光。

第二十四章

收藏品：一场顶级拍卖会

这一年，唐人国的南部地区发生了巨大的水灾，人员伤亡和财产损失非常严重，许多人无家可归。政府鼓励大家有钱的出钱，有力的出力。为此，好得拍卖集团组织了一场慈善拍卖会。

拍卖，是指以公开竞价的形式，出价最高的人将得到对应的拍卖品，可以是特定的物品，比如字画；也可以是财产权利，比如房屋等资源的使用权。

具体的拍卖定价方式有两种，一种是增价拍卖，这是最常见的一种拍卖方式。拍卖时，由拍卖人宣布预定的最低价，然后竞买者相继出价竞购。拍卖公司可规定每次加价的金额限度。至某一价格，经拍卖人三次提示而无人加价时，则为最高价，由拍卖人击槌表示成交。另一种是降价拍卖或高估价拍卖，多适用于鲜花、海鲜、乳酪等容易腐烂的农副产品快速交易变现。

减价拍卖的操作方式是，拍卖开始后，由拍卖师先报出一个最高价格，若无人应价，报价由高往低，高开低走，依次递减，直到降价至第一个竞买人应价，即宣布成交。

第一节　名画《财神和他的十二弟子》

拍卖在好得拍卖大厦二楼大厅举行，因为拍卖品都非同凡响，参与人济济一堂。上午十点开始，首先起拍的是一幅由观音菩萨亲手绘制的《财神和他的十二弟子》，画面生动活泼，财神的雍容大度和十二生肖各具特色的神情都惟妙惟肖。

这个作品被拍之前就被专家估值5 000万元，然而拍卖一开始，就被叫价9 000万元，并以迅雷不及掩耳之势被叫到2亿元，后来叫价速度减缓，但是竞争却相当激烈，3.1亿元、3.2亿元、3.32亿元、3.6亿元……最后龙宫集团董事长龙老不耐烦一点一点的加价，直接叫价4亿元，将《财神和他的十二弟子》收入囊中。

随后，善财知道了龙老正是财神掌管艺术品投资的弟子。因为在收藏界名声高、眼光独到，人称“藏龙”。善财想，这个外号挺有意思的，那会不会还有“卧虎”呢？于是，两人就这样熟悉了起来，藏龙把自己的一些收藏经验和心得倾囊相授给了善财。

万物皆有其价值。从各种形式的艺术品如画、木刻到文物古董，如很久以前的生活用品如家具笔墨，再到记载事件的各种纪念品，皆有收藏价值。可以说，有一万个人，就可以有一万种收藏爱好。

决定物品收藏价格的有三个主要因素：一是其本身的价值，二是数量，三是其流通性。

收藏的物品本身价值如何，是决定其价格的关键因素。它是否代表了

其时代高度、是哪方面的什么题材、蕴含了什么意义。如果是热门题材的藏品，特别是较有政治意义或较有历史时代意义题材的藏品，很容易升值。

“物以稀为贵、物以名为贵”自古以来就是颠扑不破的真理。在数量上，有必要区分一下发行量和存世量两个概念。一般来说，发行量越少，就越易增值，也就越值钱。而当初发行量大的，存世量却不一定都大。由于时间久远或后期销毁、遗弃等原因，发行量虽大，却也会造成存世量小，从而使藏品变得珍贵。因此一般来说，历史越久的藏品就越值钱。股票、债券等可以再发行，源源不断地出来，但许多物品却存量有限，甚至是绝版。比如，你不可能让死去的画家死而复生，为你挥笔作画。

像《财神和他的十二弟子》在世间仅有一幅，且为观音菩萨所作，形象地描绘了财神在十二弟子下到人间前的最后一堂课的情景，因此极具收藏价值。在懂得欣赏它的人看来，可谓无价之宝。

而流通性，也就是说物品是否有成熟的交易市场，能否及时卖出去。任何东西“孤芳自赏”都可以，人还会自恋呢。但物品能否被其他人赏识并买走，却离不开一个好的交易市场，就如同股票交易市场一样。

根据上面三个标准，成就了目前唐人国人气最旺的三种收藏品——邮票、钱币和各种卡，并相应地存在邮市、币市和卡市。这些市场尽管不如股票市场规模大，一般来说也不如其规范，但是，正是由于有成型的市场，有众多投资者的参与，因此和股票市场一样惊心动魄：有人发布虚假消息，有人操纵市场，有赚的，有亏的，是一个典型的包含众生相的小舞台。当然，也有人私自将从地底下挖出的印有甲骨文的兽骨卖给外国人，被公安机关查获并被判刑。

第二节　邮票《孙悟空大闹天宫》

第二件是藏龙自己拿出来的《孙悟空大闹天宫》的一版全张（80枚）邮票。很多年以前，为了纪念这件惊天动地的大事，资深邮票设计专家太白金星设计了这版邮票，被誉为“集邮史上的神话”，无论造型还是工艺都堪称精品。这版邮票当时发行了100万，价格也扶摇直上，原来每枚8分钱的价格到现在足足涨了20万倍，全版邮票的价格由6.4元升至120万元。

藏龙说：“我当初买的时候就已经涨了10万倍，全版邮票的价格到64万元了，因为确实喜欢所以就买了10版。但是，‘三十年河东，三十年河西’，每个时代人们喜好的东西也有不同，昨日的香饽饽今天可能没人睬。过了10年，设计者太白金星有一次设计的邮票有讽刺挖苦玉帝的嫌疑，他也被打落到了人间去。因此，此版邮票也渐被大家冷落，价格大跌一半到了30万元了。但我实在舍不得卖出一版，于是一直拿着。”

就这样过了10年，太白金星重新回到天上，由于有了历练，更了解民间疾苦，其设计绘画水准更进一层，连带《孙悟空大闹天宫》的邮票价格又重新提高。同股市一样，收藏品市场同样存在炒作，也有庄家操控市场的情况。加上那时股市不景气，许多热钱转而开始炒作邮票了，而数量有限、单价在拍卖品中又不算太高的邮票正是最合适的炒作对象。因此，这版邮票的价格很快就突破了100万元。

因为记载着先辈的辉煌业绩，孙智圣对这版邮票的价值从心理上非常认同，再加上仙桃长生公司经营得非常不错，他自己也有1 000万元的存款了，于是在一番争夺后，以150万元的价格拍了下来。

善财和唐企僧对孙智圣表示了祝贺。藏龙说："收藏品投资不是富翁的专利，资金多有多的投资法，资金少有少的投资法。如果是新手，不妨选择一种长期稳定升值的收藏品来投资，也可以从小件精品入手。一开始起步低一点，进行小投资，即使亏了自己也能承受，借此过程提高自己的鉴赏能力和投资水平；其后再进行大一点的投资；最后向更大的投资进军。这就好比先买一套小房子，收入高了，换一套稍大一点的，之后再买更大的。"

第三节　投资宝典组合

接下来拍卖的是一套书《投资圣典金装纪念版》，含《滚雪球——巴菲特和他的财富人生》《穷查理宝典》和《原则》，这是当今最牛的三位投资大师的传记或著作，记载着他们的投资智慧和思想精髓。一套书都是精装本，封面用黄金做成，从里到外、从形式到内容都金光闪闪，是一套可以流传千古的投资宝典。

出卖者是一个顶级出版公司的继承人，因为受电子出版的影响，纸质出版慢慢衰退，公司业务日渐惨淡，持续亏损。他迫不得已，把这套投资宝典拿出来拍卖，但他真是舍不得，毕竟拿了那么长时间，已积累了深厚的感情，搁以往千金也不换。后来，在他夫人的劝说下，只好同意交由好得公司拍卖了。

拍卖师给出的价格是500万元，很快就被五位买家抬升到了600万元，到700万元时只剩最后两位买家了，一位在现场，另一位通过电话竞拍。拍卖师在他们中间使劲鼓动，最终还是那位不在现场的客户以800万元拍得了——这已经超出了它的最高估价。

善财聚精会神地竖起耳朵听着，目光不断在拍卖师和报价者之间来回转换。他深深地折服于拍卖师对现场气氛的调动能力，也敬佩他高超的“引诱”报价功力。

藏龙也在旁边感叹道：“艺术品的价格是由真实或营造出来的稀有性和纯粹而无理性的欲望决定的，没有任何事情比欲望更容易操控……所谓的公平价格就是一位收藏家在受到引诱时肯出的最高价钱。永远都不要忘记这是生意场，它的目标只有一个——将藏品以最高的价格卖给你。”

这时，善财突然想起来，唐人国最近的房价一直在猛涨，而土地也是通过拍卖来销售的。而拍卖制本身会推高地价；再加上土地本身就供不应求，僧多粥少，自然地价越来越高，而房价也就水涨船高了。

拍卖结束后，藏龙和善财才发现，获胜的买家居然是龙命子，也就是藏龙的孙子。

第四节　真假芭蕉扇

这次的拍卖品是一把芭蕉扇，据以纱巾遮脸的神秘拍卖者说，这是铁扇公主的芭蕉扇，威力非常大。电子屏幕上显示出《西游记》第五十九回“唐三藏路阻火焰山 孙行者一调芭蕉扇”的内容，写道：“他的那芭蕉扇本是昆仑山后，自混沌开辟以来，天地产成的一个灵宝，乃太阳之精叶，故能灭火气。假若搧着人，要飘八万四千里，方息阴风。”也就是说，这把扇子既可以扑灭火，也可以扇飞人，是一件天地间难得的法宝。

收藏者现场演示，用手轻轻一摇扇子，50米以外的一个苹果从桌上滚落，80米外的蜡烛应风而灭。众人都兴奋起来，感叹这真是一件大宝物。

起价1亿元开卖，经过10轮的竞价，芭蕉扇最终以3亿元成交。这个价格远低于善财的预测。藏龙说："这种宝物在普通人手中根本难以发挥它应有的功能和作用，在现今和平年代，用处还真不大，即使打仗，要给敌人制造灾难也比不上大型导弹。"

接着，拍卖师又拿出了一把同样的扇子，众人皆感奇怪。拍卖师解释道，这是功能更强的芭蕉扇，这才是孙悟空用来扑灭火焰山大火的扇子。

众人七嘴八舌地问："怎么回事？""那刚才那一把呢？"

拍卖师答道："刚才拍卖的是孙悟空变成虫子钻到铁扇公主肚子里以威胁手段得到的那把芭蕉扇。"有人赶紧上网一查，《西游记》里写道："（孙悟空）举扇，径至火边，尽力一搧，那山上火光烘烘腾起；再一搧，更着百倍；又一搧，那火足有千丈之高，渐渐烧着身体。"原来这是一把只会煽风点火但灭不了火的扇子。

这一下，原来的拍得者不干了，说拍卖者有严重的欺骗误导嫌疑。而拍卖者说："这也是一把宝扇呀，也是古物，也大有来头，这个拍卖价格根本就是物有所值。"拍卖大厅里正吵成一团，突然有人闯入，原来是国家文物部门和执法机构人员，他们将这两把扇子都没收了，并把那个以纱巾遮脸的神秘拍卖者用手铐给铐上了。他们对大家解释道，这个拍卖者其实是盗墓者，两

把芭蕉扇都是他盗墓所得，这种级别的宝物当归属国家所有，个人是没有资格持有和拿去拍卖的。

对这个结局，大家都很吃惊。藏龙告诉善财：

“在收藏品投资中，一双火眼金睛必不可少。特别是古董，如果没有专业知识是不能轻易介入的，触犯国家法规更是万万不可。实际上，许多识货行家也会阴沟里翻船，甚至许多赝品还躲过了不少业内顶级专家的眼光，堂而皇之地进入了很多国家的艺术殿堂呢。

“那么，怎么练就火眼金睛呢？一开始，应根据自己的兴趣，阅读研究有关资料，多逛逛市场，经常看看展览，参加一些拍卖会，多看、多听、少买，慢慢培养一定的鉴赏能力。有机会还要多结交一些志同道合的朋友，互相切磋提高，在实践中积累经验，不断提高鉴赏水平。”

收藏品种类繁多、范围广，刚开始不要贪多求全、觉得处处是宝，而应选择两三个自己较为熟悉的投资。这样才能集中精力，仔细研究相关的投资知识，逐步变为行家里手。

第五节　猪情戒陷入收藏陷阱

一天，猪情戒接到一个自称收藏品公司经理的人的电话，对方说可以高价收购她前段时间以100万元拍卖到的嫦娥的写真照，这次开价是250万元。猪情戒见有利可图，便同意出售，并按照他的要求通过ATM交纳了公证费、保险金等5万余元。

但是，这个人收钱后就失联了。猪情戒正心急如焚，紧接着一名自称消费者协会工作人员的人打来电话告知说：“你已被不法分子所骗，但消协可以帮你介绍北京收藏家协会的总经理来帮助你出售藏品。”随后，这名工作人员以需要交纳押运费、交易费等名义，要求猪情戒通过ATM汇款2万元。猪情戒想了想，一旦成功，就可以大挣一笔，2万元不算啥。于是她又转出了2万元。

随后，这名工作人员又告知猪情戒，有人想以100万元的价格出售4个黄龙玉玺，且北京某收藏家协会有意高价收购，猪情戒可以先买下来，再卖给收藏家协会，从中获利。猪情戒鬼迷心窍了，以10万元的价格购买下了黄龙玉玺。谁知在约定的收货之日前，猪情戒又接到自称是警察的陌生人的电话，告知猪情戒她已被诈骗，称可以帮助猪情戒破案挽回损失，但需要交纳公证费、手续费等。随后猪情戒再次通过ATM汇出3万元。之后，苦苦等待的猪情戒再也联系不上任何人了。一算，自己累计被骗约20万元。

一开始，另外四个小伙伴都不知道这件事。有一次龙命子想看嫦娥照片时，猪情戒才一把鼻涕一把泪地把经历告诉了大家。众人不禁为其悲惨经历而哀叹一番，纷纷说，理财还是应该相互提个醒才好，自己无知无畏真可能带来大损失。

股票收益高，风险大，流动性好，适宜能冒风险的资金和有股市投资经验的人。本质上，股票是作为债权人分享行业和公司经济发展的果实。

投资股票，稳骑牛背不容易。一是要选中体格好、耐力强的牛；二是要手拿六大法宝，杀死贪婪，控制风险。否则，一不小心就栽到熊肚子底下去了。

第二十五章

股票：股市恶庄兕大王的受害者们

一天，善财浏览自己常看的“牛球网”，见其发起了一个“股市比惨大赛”，副标题是“不良恶庄兕大王，赔我们血汗钱”，参与者和吃瓜群众云集，反响非常热烈。于是，善财和财灵一起看着视频，善财也时不时地请教财灵。

原来兕大王是一个庄家，他带着偷来的宝物金钢琢，私自下凡进入股市。金钢琢有一个奇异功能，能套住投资对手的各种资金；再加上他善于和上市公司合谋，因此一段时间内纵横股海，所向披靡，挣得盆满钵满。而在其身后，尽是大小对手的“淋漓鲜血”和“残破骨肉”。

第一节　择时：高位入场的小钻风遇上了股灾

首先是小钻风[1]讲他高位入场被套的故事。小钻风本是个勤勉尽责的好员工，多年辛苦存了20多万元。在股市刚开始热火时，有朋友劝他买一些，他听闻了许多股市悲惨的故事，不敢入市。元旦后，市场一波大涨，连续突破前期的压力位，而媒体和专家纷纷开始各种鼓吹牛市。暖风四处洋溢，小钻风再也按捺不住了，又刚好在媒体上看到兕大王推荐的一只代号为“神奇草”的牛股。兕大王、一些专家和记者纷纷说这种草营养价值高，具有独特的延年益寿的功效，社会上很流行吃这种草，因为这是身份和地位的象征。一开始，小钻风还将信将疑，但见许多人这样说了，再加上其在电视上还大打广告，也就信了。再看看“神奇草”的股价，一直在上涨，成了近期的大牛股，进场的散户越来越多。于是，小钻风投入10万元买了一些。

果真，一买入，大盘接着涨，该牛股又涨了10%，小钻风短短一天挣了1万元，自然是喜出望外，将另外一半积蓄10万元也投入其中。可惜，喜气没

① 狮驼岭狮驼洞的一个巡山小妖怪，口头禅“大王叫我来巡山，巡了南山巡北山……”。

有持续，“神奇草”的股价紧接着就来了一次8%的大跌，之后开启持续下跌模式。又过了两周，不仅跌破初次买的位置，还继续下跌。就这样，又跌了30%。大家都以为“神奇草”的股价跌到底了，却不知道市场不仅有底，还有地下室，甚至还有十八层地狱。于是，在跌到地下两三层时，小钻风的心理防线开始崩塌。他告诉自己：“再等两天，肯定会涨回来。”结果发现，第二天更是一个暴跌，比前几天还厉害。这一天，小钻风终于没有守住，选择割肉“神奇草”，这时它的价格已经跌去了40%。可惜等小钻风卖完没过两三天，市场开始反弹走暖。小钻风后悔不已，于是当天选了一只涨幅4%的股票“太阳花”买入了。小钻风心想，逆势拉升必有机会。而事实上当天也放量涨停了，换手率高达60%，小钻风自己还不断庆幸呢。而当天的大盘却跌了3%，从两个月前的高点算起已经跌去了20%。收盘时，小钻风一看股东，原来兕大王旗下的牛股投资公司正是“太阳花”的第四大流通股东。

第二天，大盘没有止跌，盘内绝大部分个股惨跌。小钻风的“太阳花”在短暂冲高后，也开始一路随大盘下跌，前一天涨停的气势早已不见踪影，临近收盘时股价更是被打在了跌停价上。一个交易日就将前几日的利润全部抹去。单日亏损将近三个月工资收入的小钻风，却依然心存幻想，认为这只是牛市途中正常的调整，后市必创新高。两天后，媒体报道，兕大王旗下的牛股投资公司已经从“太阳花”中全身而出，过去半年里通过低位吸筹、高位派发获利100%，总盈利高达2亿元。

红了眼的小钻风，哪会轻易认输。他就像一个赌徒，继续重仓持有“太阳花”。但事与愿违，半年后，美国的次贷危机开始发酵并演变成了席卷整个世界的金融危机，顺带着把A股拖进了大熊市的深渊。仅仅不到一年，大盘从6 124点一口气下跌到1 664点，下跌幅度达到73%！期间，任凭国家出台多个救市政策，都已经是雨打风吹去。个股腰斩再腰斩，无数的机构、散户深套其中，万亿元财富蒸发殆尽。

“太阳花”的股价也跟随大势，飞流直下三千尺。小钻风在股价跌到10元左右时，把家里紧急备用的5万元再补了进去。爱人为此和他大吵一架。正是这一个疯狂的举动，让他一下子就把家里搞得一穷二白了。半年后，“太阳花”再次跌到让人瞠目结舌的4元。两只股票让小钻风大亏90%，自此心灰意冷地清仓出局。

小钻风总结道：“都是一场空。我以前看过哈佛的一份调查报告说，人的一生平均只有七次决定人生走向的机会。我单想着这是我本人的一次绝好机会，但由于自己的贪婪和胆怯而永远失去了它。而机会只是给有准备的人的。我对投资知识一窍不通，对资本市场的风险也毫无准备，结果注定是一场空。”

面对股价一会儿天上，一会儿地下，善财自是一片云里雾里。股票的涨跌究竟有没有规律呢？怎么判断股票价格是高还是低，它的合理价格是多少呢？财灵详细地做了如下解释。

一般大家用市盈率（简称PE，等于股价/每股盈利）来评判股价的高低。通常，市盈率越高，相对来说股价就显得越高，风险也越大；而市盈率越低，风险就越小。而大盘的市盈率就是各个股票的加权平均市盈率，其高低也反映了大盘的风险程度。此外，我们可以说，银行存款的市盈率也就是其利率的倒数。比如说利率是2%，那么它的市盈率就是50倍。人们总会把股票市盈率和银行存款的市盈率相比较。一般来说前者要低一些，但如果前者更高的话，就说明风险很大。

一般的行业市盈率为10—20。但是不同板块股票的市盈率是不一样的，成长型的高一些，而收入型和蓝筹股的就要低一些。如果是发展前景看好的行业估价水平可以更高，如高科技、垄断行业。

但仅考虑赢利能力还不够，还需要考虑行业所处的周期和未来的趋势。如钢铁企业赢利能力目前比较高，市盈率低，但未来可能会由于产能过剩，成长性不好，而导致盈利快速下跌，从而使市盈率一下子升高很多。所以，关键的是我们要立足公司本身。但是为了控制风险，如果是质地差不多的股票，则尽量买市盈率低的；对同一只股票，如果基本面没变，则尽量在市盈率低时买入。

总之，市场上的股票价格是由市场的参与者按照不同的方法和依据进行分析、判断后共同确定的。不同的人得出的价格不一样，因此才有买卖的发生。此外，随着一国的资本证券市场与国际接轨，各个市场间的市盈率也会逐步趋同。

第二节　选股：顺风耳的三次失败

听完小钻风的悲惨故事，大家都心有同感，沉默不语。

之后，顺风耳[①]开始了他痛心的讲述。起初，他听一个朋友的朋友说，最近某公司要整合重组，股价必定会趁机飙升。说者神神秘秘，听者跃跃欲试。观察了几天走势之后，顺风耳觉得可能性很大，这可是一个大赚一笔的好机会，于是追高买入。过了一周，这只股票还真停牌了，于是顺风耳欣喜地等待着。三个月的停牌期间，该公司按照规定时不时发布着模棱两可的公告。而就在此时，证监会修订发布了《上市公司重大资产重组管理办法》（以下简称《办法》），抑制投机“炒壳”，防范通过“忽悠式”“跟风式”重组，尤其要防止那些“带病公司”重组。而在此前的五年里，该公司倚仗其壳资源在A股共发起了六次重组，重组方从石油、地产、光伏、物业管理、航运到信息技术，次次踩着资本市场的炒作热点，虽然没有一次成功，但成功地实现了保壳。此次，为配合《办法》的发布，证监会杀鸡儆猴，从这家反反复复重组忽悠的公司开刀，作出了行政处罚。于是一个月后，该公司宣

① 耳朵特别灵敏的天神。

布重组失败，股价大跌，顺风耳损失了50%。

听小道消息吃大亏，第二次，顺风耳改听分析师的了。牛大师是国内知名的券商分析师，以澎湃激情和宏观视野闻名于世。这不，他旁征博引，发报告说现在正是入市的好时机，且联合其手下分析师推荐了两只软件信息股。顺风耳自己也不懂，但不明觉厉，于是全仓买入了这两只股票，奈何一个月不到就亏了15%。而牛大师依然看多，忽悠说这更是入市好时机。但不到10天，该公司爆出利空，收入由原来的预增30%变成了实际下跌20%，于是股价再跌20%。后来，顺风耳看到一幅漫画（见图25-1），顿有相见恨晚之感。

图25-1　金融分析师眼中的走势和股民要面对的走势

损失惨重的顺风耳，这一次决定自己选股了。他所在的公司是搞远洋航运的，规模很大，在全世界排名前三。当时，正是航运很景气、很挣钱的时候。因此，顺风耳用剩下50%的积蓄买了自己公司的股票，每月收入除开销外也全部买了公司股票，没想到两年下来亏损了60%，宝马也换成了自行车。更惨的是，一年后由于航运业持续走下坡路，公司裁员，顺风耳失业，真正一无所有了。他的邻居是互联网公司讯腾的员工，同样的策略，每月收入除开销外全部买了公司股票，不管涨跌，坚持了10年。他同样生活简朴，但他的收益率超过100倍，目前资产过亿元。顺风耳哀叹道："我的命真不好，全搞反了。方向错了，再怎么努力，都无济于事。"

那么，各种方法都是坑，又该如何具体选择股票呢？财灵给大家做了指导分析。江湖上主要有两大派系，一个是价值投资法，奉行基本面分析；另一个是技术投资法，奉行技术分析。

基本面分析法是指立足经济、行业和企业基本面的分析，试图以此研究一个公司的内在价值。拿一个上市的牛肉公司来说，首先要分析国家经济情况，如果情况不错，人们就会倾向于多消费一些牛肉；其次看看肉制品加工行业，国家对它的发展政策如何，行业发展是否比较健康规范；最后看看具体的公司在行业中处于什么样的地位，它今后的发展方向是否符合潮流、管理是否高效率、牛肉制品是否符合市场需要。

看中基本面的投资人，我们又称其为价值型投资者。他们相信，一家公司的股价终究会回归公司的基本价值，其倡导者是巴菲特和他的老师格雷厄姆。后者曾说过一段著名的话：市场先生每天都会来到市场卖股票，但是他的情绪很不稳定，有时他心情愉悦，愿意把股票便宜地卖给你；有时他情绪暴躁，把股票卖得很贵很贵；有时他心平气和，用合理的价格把股票卖给你。而且市场先生有个特性，不管发生什么事，他每天都会来市场做买卖。市场先生不管喊贵还是喊便宜，价格始终都围绕在股票的基本价值上下，所以，善用市场先生的特性，就可以从中获利（见图25-2）。

而技术分析法就根本不管基本面的那一套，它就像一门统计学，单纯从买卖的一些指标数据上着手分析，所有的数据都是以成交量和股价为基础，并推导出一些模型来预测股价走势。技术分析法认为，在很长时间里股票和股票市场都会在阻力线与支撑线构成的运行区间中运行。如果股价突破阻力

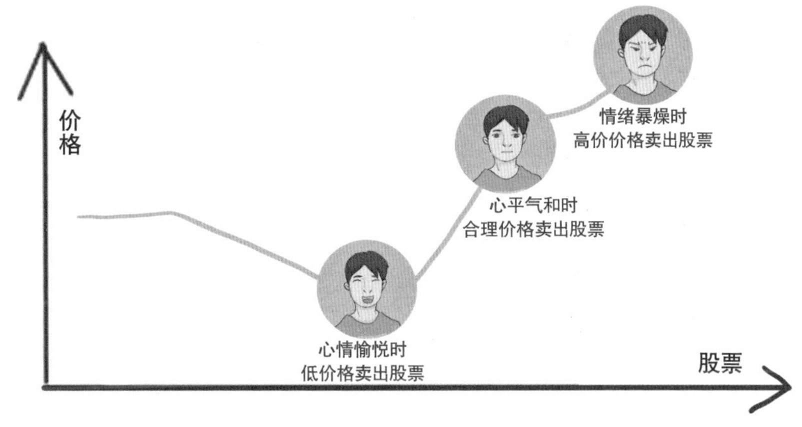

图25-2　市场先生

线，买卖量放大，一般来说，股价会继续上升，投资者可以买入；而如果股价跌到支撑线以下，买卖量放大的话，一般股价会继续下跌，投资者应该卖出。但这个方式也有其略显不足的地方，就是时代发生重大改变时，历史资料和市场现况就会脱钩，导致技术指标可能失灵或不适用。所以，一个好的技术分析者，最重要的是了解每个指标背后所揭示的意义，了解市场的情绪冷热度。

而从技术分析中，又衍生出了追踪主力的筹码面分析，试图看清市场中大金主的动向。分析者相信，搭上主力的顺风车就可以挣钱。当然，有时主力会希望其他人推波助澜，比如在主力已经手握足够多的筹码但股价还没有大涨时；有时，主力也会制造假象猎杀追随者，比如在抢夺股票时以及最后高位出逃时。

那么，基本面和技术面是对立不相容的吗？并不是。在实际运用过程中，很多投资者基本是混杂着用。有些投资者会用基本分析法来分析企业的真实具体情况，确保企业有一定的投资价值；而在具体买卖时，会用技术分析法来参考选择合适的价位进行交易。但是，如果遇到一只被大幅低估的股票时，可以忽略任何技术因素，这基本上可以认为这是市场先生在慷慨地给你送钱。

善财问：“选择股票还是挺专业的事情，一般投资者能够胜任吗？”

财灵说：“只要在自己的能力边界范围内，就应该没有问题。巴菲特说过，学习投资的学生，只要掌握两门课程就足够了，一是怎么给企业估价，二是怎么看待价格波动。而美国顶级的基金经理彼得·林奇也曾举过一个例子，在麻省威尔伯雷市有一名消防员，他对股市知之甚少，但他发现镇上有两家公司不断扩大工厂，于是他每年都加买这两家公司的股票，5年时间收益率高达4倍。

“但你要记住，选股根本无法简化为一种简单的公式或者诀窍，不存在只要比葫芦画瓢一用就灵的选股公式或窍门。选股既是一门科学，又是一门艺术，过于强调其中任何一方面都是非常危险的。”

第三节　持有：急如火忙着短线炒作

第三个哭诉的人是急如火[①]。他名如其人，一贯好动，快手快脚，快言快语。自从买入股票后，他整天脑子里都是股票的K线图，沉迷于股票行情，每天非看盘不可，哪怕是和朋友聚会聊天、开会、开车等红灯、去洗手间等都要时不时拿出手机看看股票走势，恨不得股市一周7天、一天24小时都是交易时间。

尽管只有20万元的本金，急如火却三天换手一次，老是想着一夜暴富，亏了想迅速回本，赚了嫌赚得不够，股价上涨时得意忘形，股价下跌时百爪挠心，股票的涨跌甚至影响到了他正常的工作和生活。

一天，在一个股票论坛里，有几个高手为各种理念和大盘判断争论不

① 和枯松涧火云洞的云里雾、雾里云、快如火、兴烘掀、掀烘兴一起，组成了红孩儿的六人玩伴组。

休。有一个人说："别吵了，晒交割单吧，眼见为实。"于是，高手们各自呈现了非常漂亮的账户。急如火认可的一个高手成绩尤为出色，于是，急如火便每月交1 000元跟着高手实盘操作；结果，来来回回折腾，反而亏得更厉害了。

财灵说："其实这些高手可能只拿出了部分表现好的交割单而已。他此前可能设立了多个账户，A账户全买ST，B账户全买科技股，C账户全买金融股，D账户全买白酒，E账户全仓做空。最后把表现最好的交割单晒给客户看就可以了。各种机构组织的炒股大赛也是如此，胜出的不一定是股神，却很可能是一个高级玩家所有参赛账户里赌得最大而又碰巧赌对的那个。

"为什么散户老亏钱？原因一是交易频繁，二是本着高抛低吸的出发点，迎来的却是高买低卖。巴菲特曾说过'如果你没有持有一种股票10年的准备，那么连10分钟都不要持有这种股票'。追随榜样，是提高自己最快的方式。毕竟巴菲特的投资理念不但为他创造了惊人的800多亿美元的财富，其选股方法也相当值得全球投资人学习。时间长了，是黄金总会闪光的。而如果追逐热点股票，希望在股市里做个冲浪高手，今天买这一只，明天买那一只，结果极有可能'捡了芝麻，丢了西瓜'。巴菲特还说'如果有一股巨大的顺风正在形成，短期阵风将无关紧要。不要在有大顺风的游戏中跳舞、进进出出。你需要关心的是，随着时间的推移，资产会产生什么价值'。

"芒格同样认为，只要几次决定便能造就成功的投资生涯。所以当他看中一家企业时，会下非常大的赌注，而且通常会长时间地持有该企业的股票。芒格称之为'坐等投资法'，并点明这种方法的好处：'你付给交易员的费用更少，听到的废话也更少，如果这种方法生效，税务系统每年会给你1%—3%的额外回报。'在他看来，只要购买三家公司的股票就足够了。"

第四节　四路人马混战度讯网

这一次，由白骨精①和黄风怪②联袂登场，穿插讲述他们共同被兕大王“割韭菜”的悲惨经历。

白骨精经过多年惨淡经营，终于成为一个拥有50万元的小散户，喜欢做短线交易。2017年5月，在跟踪了几天的股价走势后，再经过基本面分析和技术分析，她找到了一只股票——度讯网，总市值在50亿元左右，流通市值30亿元左右，盘子不大，股价不高，收入和利润增长都不错，又是热点行业，一切都那么完美。于是白骨精以15元/股的价格全仓买入50万元。一周后的6月1日，股价升至18元。判断正确，白骨精心中一阵狂喜，幻想着翻倍。

黄风怪则拥有3 000万元的游资，通过对经济大格局的分析，同样感觉度讯网的股票不错，于2017年3月逐步建仓至6月1日，建仓完毕6 000万元。其中3 000万元是本金，另外3 000万元是以8%的利息借的券商的钱。三个月不到，以3 000万元的本金赚了3 000万元，收益率100%，黄风怪狂喜。

兕大王，身价30亿元以上，早在2016年就组织专门团队分析过度讯网，觉得这个公司基本面不错，业务增长好，还在风口上，中长期机会不错，因此先买了5 000万元放着，成本价10元/股，共计500万股。过了两年，到了2017年5月，兕大王雇的分析团队觉得风口真正要来了，公司的各项业务将要呈现蓬勃发展势头，舆论也开始转暖。兕大王觉得机会来了，便想坐庄控盘，于是开始吸筹计划。这一不小心，就把股价从15元拉升到了18元。兕大王心想：“再这么买下去，不就更高了？而自己还没有买多少。”而在此前

① 本是白虎岭上一具化为白骨的女尸，偶然采天地灵气，受日月精华，变幻成了人形，习得化尸大法。

② 原是灵山脚下得道的黄毛貂鼠，因为偷吃琉璃盏内的清油，怕被金刚捉拿，便跑到黄风岭占山为王，后被灵吉菩萨用飞龙杖降服。

的两周，兜大王发现里面有游资，于是用3 000万元猛砸，用了两周，就把股价从18元/股砸到了12元/股，接着又砸到10元/股，随后跌破10元/股了。此后，兜大王开始低买高卖挣差价，但始终保持着自己的500万股数基本不变。

可这时，面对从18元/股快速跌到12元/股的度讯网股票，作为个人的白骨精和作为游资的黄风怪就心神不宁了。白骨精这时每股已经亏掉3元了，整体亏了20%了。但她通过技术分析和盘面观察，知道里面有大资金，于是守着不出，然后股价到了10元/股，并继续下跌。白骨精这时彻底麻木了，也忘了平时自己总说的要割肉止损的原则了。事实上，她自己定的原则虽多，但真正遵守的却不多。她认为只要公司好，股价一定会回升的，即使有暂时的利空也不怕，更拿出巴菲特的长期投资理念来安慰自己。

黄风怪看到股价猛跌，再从盘面上看，明显有大资金砸盘。难道有什么大利空吗？要加买又没钱，且不知风险有多大；但是如果卖呢，在这种情况下，6 000万元出手再砸，估计要更加速下跌甚至跌停了。就这样在买和卖之间来回纠结，黄风怪最后决定在股价跌到12元/股时豪赌一把，又想办法加了2 000万元的杠杆。但大盘还是往下走，股价接着跌，当跌破10元/股的心理价位时，黄风怪再也不敢持有了，心想君子不立危墙之下，先割肉再说。他这一割，更加速了股价下跌。割完，平均卖出价10元/股，亏损1 350万元，再加上还券商5 000万元的4个月利息150多万元，3 000万元本金跌到1 500万元了。偶然间，黄风怪看了一个段子："阿基米德：给我一个杠杆我能撬动地球。金融人：喏，这个三倍杠杆借给你。第二天开盘，阿基米德净亏两个地球。”他不禁苦笑起来。

在随后的三个月里，度讯网的股价一直在9—12元来回震荡。兕大王在底下张开大口，吞吃着其他对手割下的血肉盘。就这样，兕大王的股票从500万股增加到了2 000万股。到了2017年12月，他接着不断买进，这时的股价也逐步涨到13元/股，而兕大王的总股数也变成了5 000万股。

到了2018年3月，股价回到了15元/股。白骨精花了10个月终于解套了，马上卖出，欣喜若狂。4月，兕大王觉得洗盘差不多了，手上的筹码也够了，且自己手头的现金还有不少，于是开始了拉升的过程，大涨跟着小涨，偶尔来一次急跌，股价波动性大幅增加，这样3个月内价格到了45元/股。这时，度讯网也持续发布公告，不断收购各互联网细分龙头，各种分析舆论一片看好。一堆小散户疯狂涌入。而此时兕大王则早已开始出货，有时拉高出货，有时砸停出货，持续几天，每天换手率高达30%以上，但总体股价还一直在涨。当最后的一股卖完时，兕大王记得度讯网的股价定在了55元/股的高点。总体下来，在前后两年多的时间里，兕大王以不到8亿元的资金，赚了20亿元（见图25-3）。接下来的时间里，度讯网的股价是涨是跌，已经和兕大王无关了。

图25-3　度讯网股价走势

但是，还有一个获益者，那就是唐僧[①]。

唐僧曾说过："股市是一个放大镜，放大了人性的弱点，包括无知、贪婪、恐惧。因此，股市是人性最好的试金石，是最好的修炼场，能高效地去除人性中的贪嗔痴慢疑。"因此，他时不时地会到股市中去历练一番。他也很早就开始关注度讯网的股票了，对该公司的业务和前景很认同，和兕大王的分析团队得出的结论一样，它站在风口上，早晚要起飞，以真正体现出它的价值。

唐僧进出股市几乎总是恰到好处地早兕大王半拍。他很早就买了一些股票存着。2017年5月之后，尤其更加密切地盯盘，并认真查看了各大券商的报告。在兕大王打压的过程中，尽管短期跌幅高达50%，但唐僧依旧咬定青山不放松。由于经验丰富，几乎能感觉到股市中主力进出的咚咚脚步声，因此他在2018年年初比兕大王提前加仓，随后4月份开始的大涨当然也享受到了，在高点他也顺势减了些仓，但还保留了10%的仓位。因此，唐僧的收益率更高达300%。唐僧总说："在股市中，要勇于布施。当别人恐慌卖股时，自己应该抱着救人的态度，买下他们的股票；而在别人大买时，要勇于把自己的股票布施出去，卖给他们。时刻抱着救世之心，自然就会有财富和心灵的回报。好心性带来好回报。"

财灵引用了查理·芒格的话来肯定唐僧："对金融业来说，性情的重要性远远超过智商，做这一行，你不需要是个天才，但确实需要具备合适的性情。"

第五节　个人投资者的六大法宝

自上次投资夏令营之后，巴菲特告诉善财有问题时可以随时向他和芒格请教。于是，结合这些案例问题，善财和巴菲特进行视频聊天，正好巴菲特

① 唐代高僧玄奘，奉唐王李世民之命，带三徒弟和白龙马去西天取经，成功后被封为"旃檀功德佛"。

的老搭档查理·芒格也在。

简要说完几个散户的悲惨案例后，善财问道："我们怎样才能不重蹈这些股民的覆辙呢？我还听说股市中有个721定律，就是七成股民亏，两成平，只有一成挣钱。如何成为那10%的股民呢？"

芒格抢先答道："首先要避免风险。比如别吸毒，别乱穿马路，避免染上艾滋病。"

听到这儿，善财忍不住笑了。芒格正色道："这并不是玩笑话，实际上它如实反映了我们在生活中避免麻烦的普遍观点和在投资中避免失误的特殊方法。也就是说，我们一般会先注意应该避免什么，应该先别做什么事情，然后才会考虑接下来要采取的行动。"

巴菲特也补充道："我只想知道我将来会死在什么地方，这样我就可以永远不去那里啦。"

在接下来的一个小时里，善财向两位股神请教了个人投资者的几大投资法宝，财灵也时不时地在旁指点。善财交流后整理的流程图和具体的内容如图25-4所示。

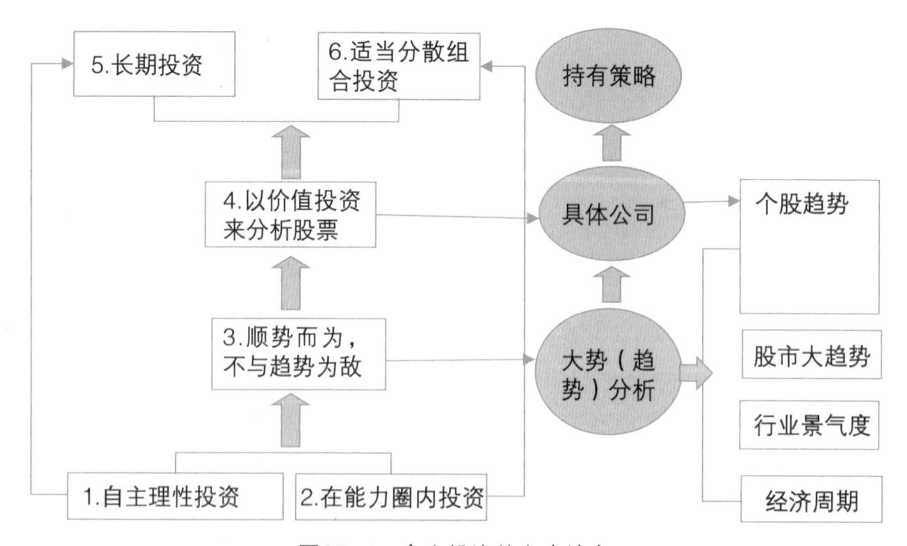

图25-4　个人投资的六大法宝

1. 自主理性投资

人的情绪极易受到市场的影响，行情跌，人容易悲观；行情涨，人又容易过于乐观。上涨时人的贪婪欲望无限放大，下跌时人的恐慌情绪又急剧膨胀，而被套时煎熬中怀揣侥幸（见图25–5）。因此，人非常容易陷入追涨杀跌的亏钱境地。

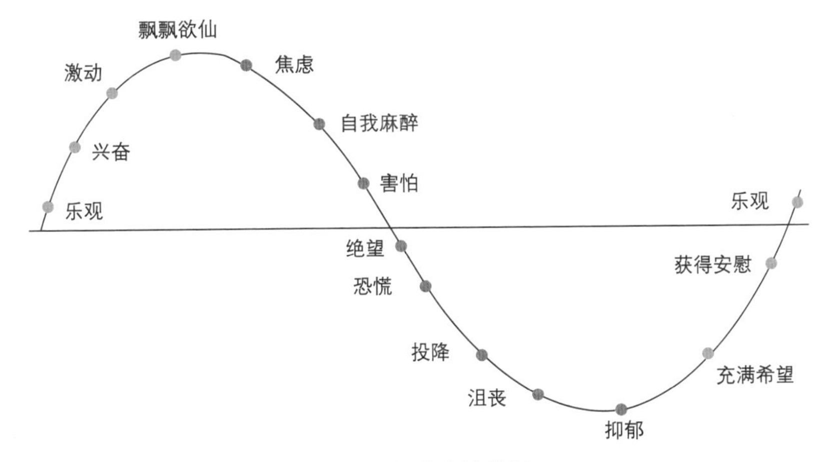

图25–5　投资者情绪循环

1711年，英国南海公司发行了一批股票，牛顿在该股上涨初期买入并且实现了翻倍，但他很快就出于科学家的谨慎而卖出了。没想到后来股价一路飙升，几乎增值了8倍。不甘心的牛顿陷入了疯狂的追高中，以高于自己卖出价几倍的价格买入，而此时南海公司已经出现了经营困境，最终股价一落千丈，牛顿血本无归。事后他感慨地说："虽然我能计算出天体的运行轨迹，但我却估计不出人们疯狂的程度。"因此，可以看出，投资并不是一个 IQ 160 的人击败一个 IQ 130 的人的游戏。

所以，在投资股票时应冷静，勤于独立思考，坚持自己的投资原则，该选择什么股票，在什么点位买进、抛出，都要有所计划。我们的思考也需要依托一个完整的逻辑框架。这种思维方式，需要大量时间的训练和教育。因为人从本性上来说，都是不完全理性的，而直觉或感觉有时会错得离谱。

2. 在能力圈内投资

巴菲特的经验是：不懂不投，不熟不买。他买过并挣大钱的可口可乐、吉利、《华盛顿邮报》等，都具备一个明显的特征——基本面容易了解，易于把握。他6岁就卖过可口可乐，以后也一直喝；他13岁开始做报童送了三年的《华盛顿邮报》，而他的祖父母和父亲都做过报纸编辑，巴菲特本人还曾是《林肯日报》的营业主任。

同样，对于能力圈以外的公司，巴菲特根本不理。20世纪90年代后期，网络高科技股是大牛市，巴菲特却一股也不买，导致1999年他的收益率比市场低了20%。但从2000年开始，美国网络股泡沫破裂，股价连跌三年，跌幅超过一半。而巴菲特这三年却盈利10%，大幅跑赢市场。这种定力和不畏潮流的勇气，不仅和眼光有关，更基于其强大的心性，能够抵挡住为了追逐更多利润而跨出能力圈的诱惑。

3. 顺势而为，不与趋势为敌

有一个段子：一群人在电梯里，有的做俯卧撑，有的用头撞墙，有的原地跑，电梯升上去之后大家各自分享上去的成功经验，有的说是做俯卧撑撑上来的，有的说是撞墙撞上来的，有的说是自己跑上来的。“电梯”是唐人国经济起飞，介绍经验的就是成功人士。

其实，这和投资类似，只要顺应了大势，就能轻松挣大钱。在股市挣的钱，有一大半来自在正确的时间顺势进场。如果你在2007年股市6 000点时入市，“武功”再高强，估计也很难有什么好结果。

在既成的趋势下，盲目逆趋势而动，只会做无谓的牺牲。从国外股市的运行来看，如果股市连续几年的年均涨幅均超过20%，那么回档调整是大概率的事。比如，纽约股市在20世纪20年代末涨幅惊人，但从1929年经济崩溃后，道琼斯指数在50年代才回升到1929年的水平；东京股市80年代末平均每年涨30%，从1986年的14 000多点涨到1989年的近40 000点，随后出现回调整理，10年后日经指数还在20 000万点左右徘徊。即使能成功解套，股民也会丧失许多投资机会。又比如，香港股市1994年年初在12 000点套牢，直到1996年下半年才解套。因此，在具体投资时，坚守股票投资纪律特别重要。不管多好的公司，阶段性上涨幅度太大，都存在风险。

做趋势判断和投资，从表面看，似乎和下面说的价值投资和长线投资有矛盾，但从本质上而言，股市是人参与的，人的感性、贪婪和恐惧对股市会有很明显的助涨助跌作用，因此很多时候市场会出现弯腰捡钱的机会。比如，当社会上各种资金杠杆不断压缩造成资金出逃，或者面临战争等阴云时，就极有可能给股市带来系统性风险，从而导致大幅下跌。在此背景下，加上人性的贪婪和恐惧，就会让下跌更加猛烈和不理性。这时，市场平衡就会被打破，一方面“跌跌不休”无底线，另一方面也会出现很多大的投资机会。可以说，真正的大机会，往往不是人研究出来的，而是“市场先生”神经错乱了一下，自动呈现出来的，但需要你去发现它，更关键的在于，机会出现时你得在场，并有勇气采取行动。

4. 以价值投资来分析股票

巴菲特说：“评估投资价值，不是看某个行业是否有利可图，而是看具体公司的竞争优势，及看其能保持这个优势多久，从而给投资者带来足够的回报。”投资者的真正任务就是发现这种时机，买入并且持有，自然会“守得云开见月明”。

但是，价值投资也很需要精明的判断和勇气，需要为自己的判断付出一定的代价。你的判断是否准确，行情是否会按照你的预期发展，这些都是不确定的。但是，不能因为这个，就否定价值投资的作用。长期内，是金子总会闪光的。

5. 长期投资

巴菲特有一个著名的“20个打孔位”原则——一张只有20个打孔位的卡片，代表一个人一生中能做的所有投资，一旦打满20个孔，就不能再进行任何投资了。所以对待每一项投资都必须慎重，必须有耐心等待，有耐心持有。把时间交给优秀的管理层，他们自然而然会把企业经营得更好。巴菲特还说：“如果你没有持有一种股票10年的准备，那么连10分钟不要持有这种股票。”他严格遵守此理念，每只股票平均持有时间长达17年，并获得了惊人的800亿美元的财富（见表25-1）。

表25-1　巴菲特持股时间

序号	公司	行业	投资年份	投入金额（亿美元）	收益率（倍）	增值（亿美元）	持有时间（年）
1	《华盛顿邮报》	传媒	1973—2006	0.11	127.00	12.88	33
2	政府雇员保险公司	保险	1980—1995	0.46	50.00	23.00	15
3	大都会和美国广播公司	传媒	1985—1990	5.17	1.70	13.77	5
4	可口可乐公司	食品饮料	1989—1997	10.24	10.00	133.00	8
5	吉列公司	消费品	1989—2004	6.00	7.16	43.00	15
6	富国银行	金融	1990—2004	4.63	6.58	35.08	14
7	美国运通	金融	1995—1999	13.90	5.70	84.00	5
8	中国石油	能源	2002—2007	4.88	7.20	35.50	5

长期投资是好，但也不能盲目。前提一是要投到物有所值的股票上，二是不要盲目追高。如果在投资股票时不注意时机的选择，不慎在高价区域套牢，少则三五年，多达几十年，可能都难觅解套的机会。

6. 适当分散组合投资

一个明智的做法是“不要把所有鸡蛋放在一个篮子里”。这有两个层面的理解，第一个层面是选择不同行业的股票，第二个层面是在一个行业内选择不同的股票。因为三十年河东，三十年河西，谁都很难预料哪只或哪类股票只涨不跌。股市中有许多股票天生就像仇家似的，你涨我就得跌，你跌我就得涨。所以，分散一下，可以“堤内损失堤外补”。比如，你可以投资煤电类股票，也可以投资一些水电类股票，这样，当煤炭价格上涨时，对煤电类股票不利，而对水电类就有利了。

此外，分散投资还有一层意思，就是分阶段（最好是每月，因为很多股票行情不会持续太久）分批买入股票，建议每次用同样数量的资金。这样，在高价位时买的股数少一些，而低位时就可以多一些，整体而言就能摊低成本，同时又不用担心错过牛市。

第六节　恒牛医药带善财穿越牛熊市

因为此前投资基金的缘故，善财也一直关注着股票，并开始买书学一些基本的财务知识。而他买的“千里马三号”的股票型基金，就一直重仓持有恒牛医药，在过去的6年内该股涨了10倍，这也是基金业绩稳健优异的原因之一。

据诸多券商的研究报告分析，恒牛医药能够快速成长的关键启动点，就是提前发现了抗肿瘤药物的巨大市场前景。当年，恒牛医药在国内抢先仿制成功一个重磅产品，从跨国巨头手中夺走其大部分市场份额，取得仿制先行者的高额利润。即使到了今天，恒牛医药的主要营业收入仍然来自抗肿瘤药物。在定价策略上，恒牛医药也很成功，它在开启竞争的前几年一直主动降低出厂价，激发的巨大需求增速使得销量大幅上升，并带来销售收入的持续上升。

而从财务分析看，公司上市15年来，净利润仅有1年微降2%，其余均实现正增长，年复合增长率达25%；最近10年，净资产收益率一直保持在21%以上，获利能力十分抢眼。产品销售毛利维持在80%以上，最终的净利润率水平在行业中领先。而其现金流情况良好，营业收入和净利润都有现金流作为支持。公司仅有经营性负债，无有息债务。应收账款回收情况良好，大多数控制在3个月以内。存货占比保持稳定，可见公司销售渠道通畅。研发费用稳定在营业收入的8%—10%，这为未来持续推出新产品和公司持续发展打下了基础。对此，诸多券商分析师也大加赞赏。公司已从唐人国的仿制药龙头转型为创新药龙头，具体以抗肿瘤药、手术麻醉用药、造影剂、重大疾病以及尚未有有效治疗药物的领域为重点科研方向，形成了庞大而丰富的产品研发管线。现在，恒牛医药已拥有一支分布在世界各地的2 000多人的研发团队，包括1 000多名博士和硕士，还有100多名外籍雇员。

善财在两年前买入了100万元的恒牛医药的股票，并坚持一路持有。中间有过两次大的心理波动。第一次是在牛市，那时几乎所有股票都涨疯了，而恒牛医药的股价却是一动不动，但好在最后阶段开始启动并大涨起来。

另一次是随之而来的熊市。在漫长且大幅的调整中，善财百般煎熬，一直担心会不会把全部收益都吐出去。而市场上多数的股民都选择了死扛，相比卖出止损而言，这更符合人性。事实上，靠时间熬过熊市，然后在未来景气周期回来的时候解套盈利，也是一种可行的对策。但前提是，股票要经得起熬，别给彻底熬糊熬烂了。比如一些只有壳资源值点钱的小烂公司，再比如一些流通盘小而被炒作到历史高位的公司（而巨无霸中石油，不知猴年马月才能回到48元的高位呀！）。此外，还有一些行业不再受到国家巨额补贴而自身造血能力不足的公司，以及那些财务风险大、行业没落的公司等，它们就更不可能涨回股价高点了。但是，对于那些身处朝阳或长青行业（如医疗等）、自身业绩稳健、有核心竞争力的公司，则最多只是输一点时间而已，早晚会再涨回去的。

而恒牛医药正是经得起熬的好公司。果真，到了年底，恒牛医药仅仅调整了20%左右，待市场一年后走出熊市，恒牛医药又开始了其长牛之旅。两年下来，收益达到100%，而大盘几乎没有变化。而经历了牛熊这两个坎以后，善财心性大进，此后持股就非常淡定了。而同期，由于监管查处力度的加强，很多公司原形毕露，股价一落千丈，更有几家长期很牛的绩优蓝筹公司彻底爆雷。它们或者通过伪造收入凭证；或者假装有很多存款和银行理财产品，却付不起不到其1/10的到期债券；或者通过关联交易使公司一直保持远高于行业对手的利润率；等等。这些爆雷，伤及了几十万上百万的投资者。

第七节　兕大王的结局

正当兕大王的盛名如日中天时，却在一次给姥姥过生日的宴会上被公安机关逮捕了，此消息一出，资本江湖震惊了。半年后，法院对兕大王进行了宣判。揭露他及团伙的主要罪行是：与十余家上市公司的董事长、实际控制人合谋，精心控制利好信息的内容和披露时机，比如逐步发布“高送转”方案、释放业绩、引入热点题材概念等；通过实际控制的近百人的证券账户连续买卖股票，双方共同操纵上市公司股票交易价格，从中牟取暴利。鉴于此严重违法行为，兕大王被没收非法所得300亿元，罚没300亿元，并获18年有期徒刑。一代股市枭雄，最终折戟。

听闻这个消息，小钻风、顺风耳、急如火、白骨精和黄风怪等大小受害者刚开始心里一阵痛快，而后便是五味杂陈。因为，尽管兕大王被抓了，但司法机关却没有支持他们的要求——兕大王赔他们炒股亏的钱。因为，炒股有风险，入市需谨慎。哎，都怪自己学艺不精，更怪兕大王太狡猾。

期货，可以“四两拨千斤”，当然也可能“千斤压四两”，风险之大，不可不防，适宜神经坚韧之人，严禁神经脆弱者参与。期权，以小搏大，却基本可做到“万无一失”，因为其最大的风险是固定的，最多损失期权费。

狗是人类最忠诚的朋友，看护期货的风险之门，充当人生的期权，此等重任，非狗莫属。

第二十六章

期货期权：护家还是毁家的哮天犬

善财读大三的一个周末，从学校回家，见牛魔王正和一位客人聊天，谈的内容好像是近来面粉价格疯涨的事情。客人长着一双时刻竖起的大耳朵，嘴巴也向前突出，牙齿如果不刻意掩饰的话总是暴露在外，善财脑子里马上想起“人模狗样”这个成语来。

这位客人是位农场主，种植了1万亩小麦。他此次进京城，便是和一位买主来履行两人于半年前签的期货合同。

期货？人模狗样的人？善财的脑瓜飞速转动着，他正为寻找十二生肖的最后一位着急呢，这不就有人送上门来了。一打听，此人果真姓苟，全名苟啸天，原来是二郎神身边的哮天犬，后来下到人间做起了期货和期权。由于他目光敏锐，善于控制风险，挣了不少钱。下面听其详细道来。

第一节　农场主和面粉厂老板的特殊合同

苟啸天是五年前开始大规模种植小麦的。那时，许多农民纷纷外出打工，大片的麦田荒废了，于是苟啸天便以极低的价格承包了下来，雇人种起了小麦。因为他估计由于全国荒地的情况比较普遍，小麦的价格肯定会上涨。如果万一再遇上大面积水旱灾害，就会涨得更厉害。

苟啸天一共种了1万亩小麦，估计亩产1 000公斤，共产小麦1 000万公斤，而每公斤成本是1.1元。可怎么能比较稳妥地挣钱呢？毕竟不是个小数目，况且由于近来小麦价格变化波动很大，每公斤从1元到2元不等，如果到时市价低于1.1元，岂不亏大了？苟啸天想："如果我能先和人约定一定的价格，到小麦收割后卖出去，不就万事大吉了？"于是，苟啸天开始行动。他找到了一个大型面粉加工厂，和老板商定：到今年小麦收割的9月份以1.6元/公斤的价格成交1 000万公斤，到时不管小麦市价是高是低，都以1.6元/公斤的价格成交；同时苟啸天也必须交出1 000万公斤小麦来，不管自己生产多少。这样，如果一切顺利的话，苟啸天每公斤净挣0.5元，1 000万公斤就是500万元；而面粉加工厂老板也可以避免到时高价买卖的风险，因为他估计到时的小麦价格将超过1.6元/公斤。

到了9月份，苟啸天共产小麦1 000万公斤，而小麦的市场价是1.5元/公斤，因此每公斤的价格比市价高了0.1元，总共多挣了100万元；而相应地，面粉厂老板却不得不以比市价高0.1元的价格收购，因此亏了100万元。

第二年，他们约定以1.7元/公斤的价格成交1 000万公斤。由于各地粮食歉收，在交割时市价涨到1.8元/公斤，苟啸天也只产了900万公斤小麦，不得不以1.8元/公斤的价格到市场上采购了100万公斤小麦，凑足1 000万公斤，以1.7元/公斤的价格卖给面粉厂老板。这一次轮到面粉厂老板笑了。

期货就是基于这样的原理发展起来的，一般在期货交易所交易。为方便大家进行买卖，期货交易所统一制定标准的期货合约。期货投资者无须如苟啸天一样手里拥有1 000万公斤小麦或别的实物，也不用自己去找买家，而仅仅需要预先支付相当于合约总价格5%左右的保证金（各种商品比例可以有不同），就能参与期货买卖了。

现在的期货市场上主要有三类人。第一类人是像苟啸天和面粉厂老板一样的，他们参与期货买卖的目的就是避免风险，期货合约到期一般可以进行实物交易，这类人被称为套期保值者。第二类人根本没有实物，也不想要实物，而是希望通过价格变动套取其中的差价，因为这类人的期货合约本身是有价格的，因此被称为投机者。第三类人是套利者，他们同时买进自认为是“便宜的”合约，同时卖出那些“贵的”合约，从两份合约价格间的变动关系中获利，俗称“抢帽子”。

第二节　期货：四两能否拨千斤

介绍完自己的投资经历后，苟啸天接着给善财讲了两个故事。

★ ★ ★

公元前216年，罗马执政官马赛拉斯统帅的四个陆军军团已经挺进到了阿基米德所在的叙拉古城的西北。阿基米德对国王说：“如果单靠军事实力，我们绝不是罗马人的对手。现在若能造出一种新式武器来，或许还可守住城池，以待援兵。”国王于是全权委托阿基米德指挥。两天以后，天刚破晓，罗马统帅马赛拉斯指挥着他那严密整齐的士兵方阵向护城河攻来。只见城头上飞出大大小小的石块，开始时大小如碗如拳一般，后来越来越大，简直有如锅盆，山洪般地倾泻下来。罗马人死伤惨重，渐渐支持不住，连滚带爬地逃命去了。

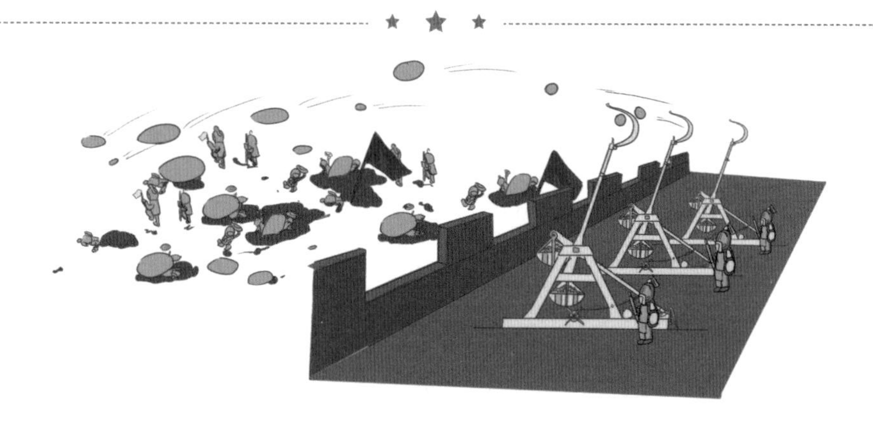

阿基米德到底造出了什么秘密武器让罗马人大败而归呢？原来他制造了一些特大的弩弓——抛石机。这么大的弓，人是根本拉不动的，阿基米德利用了杠杆原理，只要将弩上转轴的摇柄用力扳动，与摇柄相连的牛筋又拉紧许多根牛筋组成的粗弓弦，拉到最紧时，再突然一放，弓弦就带动载石装置，把石头高高地抛出城外，可落在1 000多米远的地方。在庆功宴上，阿基米德豪情万丈地说："给我一个支点，我就能撬起整个地球！"

英国巴林银行有200多年优异的经营历史，曾掌管着全球270亿英镑的资产，英国女王伊丽莎白二世和威廉王子都是它的客户。而搞垮它的人竟然是一个明星交易员尼克·李森。1994年下半年，李森认为，日本经济已开始走出衰退，股市将会有大涨趋势。于是大量买进日经225指数期货合约和看涨期权。然而人算不如天算，事与愿违，1995年1月16日，日本关西大地震导致股市暴跌，李森所持多头头寸遭受重创，损失高达2.1亿英镑。输红了眼的李森为了反败为胜，再次大量补仓日经225期货合约和利率期货合约，头寸总量已达十多万手，这可是以"杠杆效应”放大了几十倍的期货合约。当日经225指数跌至18 500点以下时，每跌1点，李森的头寸就要损失200多万美元。事情往往朝着最糟糕的方向发展，1995年2月24日，当日经指数再次加速暴跌后，李森所在的巴林期货公司的头寸损失，已接近其整个巴林银行集团资本和储备之和。融资已无渠道，亏损已无法挽回，李森畏罪潜逃。巴林银行从此倒闭，原先显赫的CEO后来也只能沦落到开一个小电影院维生。一个职员竟能在短期内毁灭一家庞大的老牌银行，以赌博的方式利用期货“杠杆效应”并知错不改，是造成这一“奇迹”的关键。

期货，就是一个可大可小的杠杆。在唐人国，做20万元的生意只要交1万元（20×5%）的保证金。购买期货的好处是可以“四两拨千斤”，可以“买空”和“卖空”。如果相信价格会上涨并买入期货合约，则称“买空”或称“多头”，亦即多头交易；而如果看跌价格并卖出期货合约则称“卖空”或“空头”，亦即空头交易。

比如你预计小麦期货合约价格会上涨。现假设目前每份小麦期货合约的总价格是1.6万元（1.6元/公斤×1万公斤），按照上面5%的比例交纳保证金，你仅以800元的价格就买下了这份合约。随着小麦等实物价格的涨跌，你的这份合约的价格也会涨跌。如果第二天小麦价格从1.6元/公斤涨到1.65元/公斤（但目前一般规定每日最大涨跌幅不超过3%），你的合约总价值就是1. 65万元，一天之内涨了500元。以800元的价格为基数，即涨了62.5%，真正“以小搏大”，这500元就转入你的保证金账户。但是如果小麦的价格跌到1.55元/公斤，你的合约价值就只有1.55万元，一天之内跌去500元。如果价格一直下跌，你的保证金就会越来越少。因而，保证金账户的资金就会随时发生增减。浮动盈利将增加保证金账户余额，浮动亏损将减少保证金账户余额。保证金账户中必须维持的最低余额叫维持保证金。当保证金账面余额低于维持保证金时，交易者必须在规定时间内补充保证金，称为追加保证金。否则在下一交易日，交易所或代理机构有权实施强行平仓。

在这个过程中，你也可以把手中的合约卖掉，即平仓。这样，浮动的盈亏就不再是纸上财富了。如果不平仓，最后一般就进入实物交割的阶段。实际上，绝大部分期货投资者都是通过买卖合约来获利的，目前只有不到5%的期货合约是实物交割。

期货市场风险大，因为参与期货交易的商品通常是价格波动较为频繁的商品。同时期货交易具有“以小搏大”的特征，投机性较强。因此，尽管期货可以“四两拨千斤”，但是四两能否拨动千斤就需要高水平了，否则操作不当，千斤压顶还会把自己给压残、压死的。做得好，即使是蚂蚁也能吃掉大象；做得不好，即使是大象也会被蚂蚁吃掉。

第三节　期权：花钱买一个选择权

“现在，你对期货有一定了解了。我问你，如果你到玩具市场上去，看中一辆绝版的卖得很火的电动玩具车，价格为400元，可惜你现在没钱，但一个月后你爸爸会给你400元的零花钱。这时你怎么办？”荀啸天在介绍完期货后问道。

“如果到时价格下跌了，自然不是问题。但是如果涨了呢，可就难办了。我无论如何得要他以400元的价格卖给我。”善财说。

“可人家凭什么不卖给别人？如果到时价格涨到500元，老板还肯等你吗？”荀啸天接着问。

“怎么办呢……有了，我先给他交20元押金，让他等我。如果我到时要买，就以400元买；如果我不买，他就再卖给别人。”善财想了想回答道。

“对。其实，你和老板之间就定了一个期权。买还是不买，取决于你。押金就是期权的价格，也就是说你的选择权的价格。”苟啸天解释道。

期权自产生后获得飞速发展，成为重要的避险工具和投机工具。期权运作原理如图26-1所示。

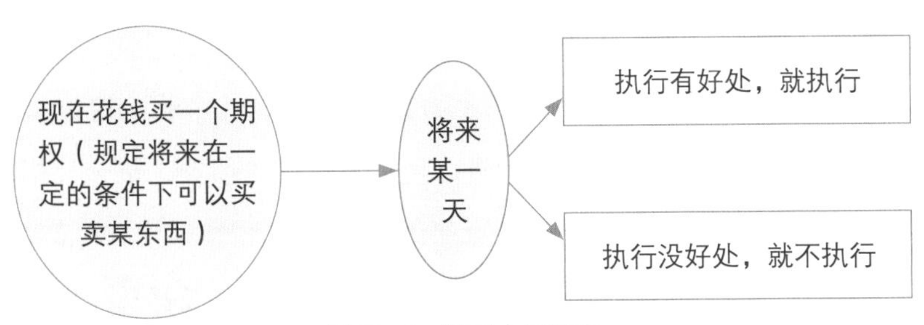

图26-1　期权本质原理

“那么，期权对投资有什么好处呢？”善财又提出问题。

“市场上的任何金融产品，比如股票、债券，以及上面讲的期货等，价格都有涨有跌。如果我们能像你买玩具车那样，用一点押金就掌握了买还是不买某个产品的主动权，就可以避免较大的风险。购买期权的本来目的是保护投资者不受市场价格变动的风险，但同时可以用来挣钱。”苟啸天进一步解释道。

之后，苟啸天讲了他自己的亲身实践，以及一些相应的知识和技巧。

半年前，苟啸天看好市场上的“牛海生长”股票，认为三个月后股价可以涨到15元/股，而当时的价格是10元/股。要想多挣钱，当然是买得越多越好。但苟啸天当时只有150万元，仅够买15万股。如果三个月后股价真到15元/股，15万股也只能挣75万元（每股挣5元）。于是，苟啸天便拿出60万元，以1元/股的价格买了60万股的期权，规定三个月后能以10元/股的价格买卖“牛海生长”的股票。

三个月后，“牛海生长”真的涨到了15元/股，于是苟啸天便以10元/股的价格买了60万股，然后再以15元/股的价格在市场上卖掉，每股挣了5元，总获利300万元，扣除期权成本60万元，还挣了240万元。而卖给他期权的人就倒霉了，他必须以10元/股的价格卖出价格为15元/股的股票。因为他之前对股价的判断错误，以为可以挣得期权费呢。

荀啸天觉得自己真幸运。如果三个月后股价下跌到8元/股，因为他有选择权，就不用傻傻地还以10元/股的价格买60万股了，而可以直接到市场上以8元/股的价格去买了。这时就只亏一个1元/股的期权费而已。

当然，很少有期权交易是通过以上方式来挣钱的，一般是通过买卖期权来获利。同期货一样，期权本身有价格，且随着股票（债券、黄金、指数等）价格的变动而变动。因为一个三个月后能以10元/股的价格买卖100股股票的期权，其价格在这只股票价格为6元和9元时是不一样的，就像赛马一样，在第一圈打赌和最后一圈打赌时赌注肯定不一样，因为后者输赢的形势更明朗。

总体来说，期权分为看涨期权和看跌期权两大类。看好某只股票（债券、指数、期货等）价格上涨而购买的期权，叫作看涨期权。如果看跌某只股票而购买的期权，叫作看跌期权。值得注意的是，如果你买了看跌期权，即到期以一定的价格卖出多少股票，并不表示你现在需要拥有那些股票，你可以中途卖掉期权或者到时从市场上以现价买进股票还给人家就可以了，也就是说可以空手套白狼。

这时，善财问道："现在大家总说期权是一种很好的激励，为什么？"

"比如，现在市场上一个公司的股票价格是5元/股。公司发布期权：允许管理者或其他员工在一年后以6元/股的价格买一定数量的股票，这样哪怕一年后股价涨到10元，期权持有者仍可以6元/股的价格买下一定数量的股票。这样就激励大家把公司做好，从而带动股价上涨。"荀啸天解释道。

"怪不得大家说期权是'金手铐'了。"善财恍然大悟。

荀啸天说："期权的优点在于，期权购买者投入较少的资金，承担较小的风险，却有可能获得较为丰厚的利润。我们总说，收益和风险成比例，但有了期权就不一样了。期权的道理你懂了，那你知道可以怎么用吗？"

“我想一想。”善财沉思了一阵子，说道，“一方面，可以为未来提前建仓。当投资者非常看好某只股票，但又缺乏足够的现金时，可用较少的钱买入对应于预期购入股数的认购期权，只要未来到期时筹够钱再执行该认购期权，买入股票，就能获利。另一方面，投资者也可以在资金充裕的情况下，通过认购期权的配置，将空下来的现金流转投其他如债券、信托等高收益理财产品，增加资产的综合收益率。”

“是呀。看来你真正明白了。总体而言，期权是一种固定风险的投资活动，即使亏也只会亏掉期权费，但却有可能获得高额利润。”

听完了苟啸天讲期货期权，善财心想：“自己又多了两种风险控制的工具，同时对金融杠杆也有了一定的了解。是呀，‘给我一个支点，我就能撬起整个地球！’这也是一句非常催人奋进的话，它激励我们大胆地去改变世界。但是真正将这句话应用到极致，并彻底改变世界的却是各类金融玩家们。”

最后苟啸天总结道：“没有杠杆就没有金融。贷款买房不也是一种杠杆吗？首付三成，也就是放大了两倍多的杠杆呢。但放大杠杆不难，难的是不让风险失控。屡禁不绝的非法集资，小贷、担保等因资金链断裂而倒闭的事件，以及互联网金融屡屡爆出的失联、跑路事件皆是因杠杆而起，因此一切金融危机的本质都是杠杆的失控！”

第七篇

★ ★ ★

财富界里的升降起伏

第二十七章

牛学教育上市，善财升界

三年后，牛学教育已经拓展到了10个大城市，学生客户规模超过2万人，人均交费超过5 000元。牛学教育的收入已经上亿元，利润也有3 000万元，已基本符合唐人国上市的条件了。

要进一步招兵买马、扩疆辟土，就需要更多的资金。如果单纯靠自己挣钱来发展，速度太慢，可能会被竞争对手抢了先机；而从银行借，银行倒是乐意得很，可利率不肯降半分。当然，还可以朝他人借，善财知道，这其实就是发行企业债。而对此，善财有自己的考虑，定期还利息，到期后还要还本金，这对于急需用钱的牛学教育公司来说，肯定会影响公司的发展速度。那么还有没有其他办法呢?

财灵告诉善财："还真有，就是发行股票，出卖公司的一部分股份。股票就是出钱的凭证。对于投资者来说，不用花太多的钱就成为一家前景被看好的公司的股东，平时不用操心公司的经营管理，到期还可以分红。如果不愿意做股东了，还可以转让股票，挣一些差价，真是一举三得。"

其实，说到底，牛魔王和善财也都明白，发行股票和发行债券一样，也是一种筹钱的方式。而需要发行多少股票、每股发行价格多少则是自己需要最先考虑的问题。

为此，牛魔王和菩提祖师请来了西天证券公司的几位专业人士，加上公司的其他几个领导，一起组成了股票发行小组。他们首先把公司名称改成了“牛学教育股份有限公司”，按要求搭建了董事会、监事会等，重组了经营班子，牛魔王担任董事长。经过一年多的筹备，他们初步计划筹资15亿元，拟发行3亿股，每股要价5元，而自己公司原来的股本为2亿元，算作2亿股；两者相加总共为5亿股。初步预计来年净利润可以达到1亿元，也就是利润可以达到每股收益0.2元。

为什么每股定价5元，而不是更高呢？谁都希望自己的东西卖得越贵越好呀。西天证券公司的沙悟净①给大家讲解起来：“投资者花5元钱买1股，一年之内就可以得到0.2元的利润。也就是说，一年的回报率是4%。这比一年期的银行存款利率要高得多了。要是不高，人家何苦冒险入你的股呢，直接搁银行不更省事？但是，你也不能以1元钱卖呀，要不然你不又觉得卖便宜了亏得慌？”牛魔王豁然开朗，想想原来真是这么回事。

下一步就是准备上市了。这里的“市”其实就是股市。事实上，公司卖出股票得到钱后，股票的任何交易都不会给公司带来一分钱，除非公司再增发股票。但股价的高低却取决于牛学教育公司怎么用这笔钱。如果用得恰当，公司效益提升，自然股价也会上涨，这对公司形象也有好处，也给日后公司再次募集资金带来方便。

半年后，也就是这一年的8月份，牛学教育公司的股票终于上市了，代号“牛学教育”，编号120034。第一天，股价开盘为5元，到收市时，股价定在了10元的位置。一天之内从5元涨到10元，涨幅100%。就这样，“牛学教育”股票隆重登场了。

---

① 又名沙和尚、沙僧。原为天宫中的卷帘大将，因在蟠桃会上打碎了琉璃盏而被贬入人间，后成为唐僧三徒弟，得成正果后被封为“金身罗汉”。

牛学教育上市之后，受益于唐人国课外教育的持续快速发展，收入和利润的增长率一直保持在20%以上，股价稳定在20元/股以上。善财一家持有的股权也由之前的35%变成了20%，也就是1亿股，市值已经有20亿元了，善财一家一步跨入财富界。财神在善财8岁时交给他的登山任务，在21岁时总算初步完成了，善财非常有成就感。

某一天，聚宝盆显示的钱江堰如下（见图27-1）。

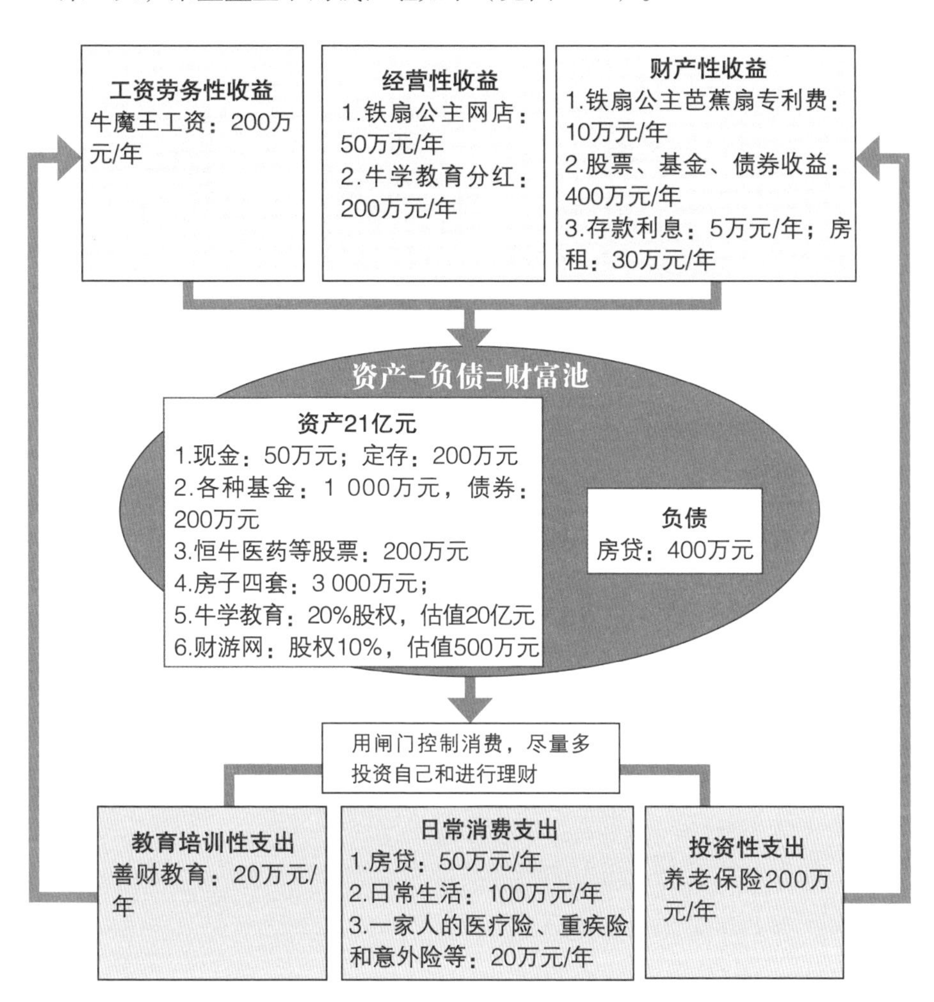

图27-1　善财家深广的“钱江堰”（财富界）

财富界是财富山的顶层，居民衣食奢华讲究，居住在高端社区。凭着独到的前瞻眼光、无畏的勇气，甚至是一番命运的豪赌，他们一般在财富更迭、发展的关键阶段抓住过一次或几次机会，从而跃上财富山的顶端。他们一般有自己的企业或独特的生财之道，视野和个人格局要高于普通人。他们不光挣钱，有一些人也开始捐赠财富回报社会了。但是，由于唐人国社会和经济特有的格局，这些人也总担心自己的巨额财富减少甚至消失。他们对下一代的教育不遗余力，总是力争给子女最好、最全面的学习教育和最实用的实践教育。

照例，财灵要给善财要说一些升界的话："靠着牛学教育的上市，你家的财富迈入了几十亿元的级别了，恭喜你终于达到财富界了。但是，你的根基还不稳，还有可能反复。每一次经济动荡和危机都会把财富界的很多人打落几个层级，因此你需要稳健持续。同时，你也有一定的平台，该认真考虑为他人、为社会做一些有意义的事情了。钱来自社会，亦该回报社会。你的追求不该是更多的钱，而是更多地提升自己生命的意义和社会的福祉。"

第二十八章

四路人马的财富界沉浮

第一节　智能学习机拯救了牛学教育

牛学教育上市后，有过一阵好日子，但是好景不长，牛魔王一家和菩提祖师之间的矛盾越来越深了。起因在于对公司的发展战略意见不同，菩提祖师因为是校长出身，所以总守着线下的课外教育不放，不管国家监管如何严、为学生减负的呼声如何高，仍力主不断扩张线下。但是，国家再一次出台政策，严令禁止课外辅导机构对学生进行超前授课、举办各种升学选拔考试，而且进一步加大了查处力度，整个行业都迎来了寒冬，行业的领头羊公司更是身受重创。多年以来，很多专家和有识之士一直在反思，课外辅导的作用其实微乎其微，只在考试的竞争中得到了一些优势，但是对孩子的素质教育，对他们更好地适应社会几乎没有任何作用，甚至相反，只会考试，反而限制了其他能力的发展。

而牛学教育由于一直扩张，资金链又出现了问题，终于遇到了重大亏损。公司股价重新跌落到了10元/股，善财持有的市值也就只有10亿元了。屋漏偏遭连夜雨，菩提祖师这时自立门户，带领一批老师自创公司去了，并且把牛学教育的股票在市场上疯狂抛售。受此影响，牛学教育公司的公司股价不断下跌，跌到5元/股。善财基于对自己公司发展的信心，顺势增持了5%的股票。

而此前，善财早就开始布局公司转型，启动了智能学习机的研发。由互联网巨头开发的电脑已经完胜了世界前三的围棋选手，打得他们几乎无还手之力，叫苦连天。于是，善财重金引进了一个业内非常优秀的团队，开始研发智能学习机，并且给他们公司20%的股票期权。当然，期权执行的前提条件是要能开发成功大规模商用产品。经过三年的时间，智能学习机的研发终于获得初步成功，实现了人类学习的大突破。通过人机对接，激活人脑的学习部位，让学习知识的速度大大提升。公司股价受此影响，开始了强劲反弹。随着智能学习机越来越成熟，且区分出针对不同群体的不同款式的系列产品，公司业务突飞猛进，股价开始走向了辉煌的攀升之路，突破50元/股，接着是100元/股，一直升到200元/股。善财一家持有的市值也高达250亿元了。

智能学习机

第二节　经受双重考验的仙桃长生

在牛学教育上市前的三个月，唐企僧和孙智圣的仙桃长生公司就上市了，代号“仙桃长生”，编号119923。上市后总股本变成了8亿股，其中对社会新发行了3亿股，发行价为8元/股，募集24亿元，市盈率是20倍。仙桃长生公司上市后，唐企僧有2亿股，孙智圣有1亿股，都一步实现了财富自由。

募集的资金到位后，仙桃长生公司一方面扩大生产，另一方面进行仙桃

树的杂交培植。利润在一年后增长到了6亿元，接近翻倍。股价从上市时的8元/股涨到了30元/股。

由于公司产品的延年益寿效果比较明显，广受人们尤其是富足界和财富界人们的欢迎。即使产品一再涨价，也供不应求，公司市值突破了1 000亿元。人类天生就希望长生不老，秦始皇还曾派术士到海外去寻找仙丹以求长生。

但是，随着产品的热销，一种新的社会担忧开始出现了。由于很多精英都可以借此长葆青春，一直占据较高的社会阶层和地位，因此对年轻人很不公平，他们奋斗的目标和增长的空间被限制了。而对于那些底层民众来说，由于没有钱去购买这些产品，因此同样丧失了很多可能性。渐渐地，由此导致的社会问题越来越多，全国陷入了大讨论。

正当此时，仙桃长生出现了重大产品质量问题。第一批用户已经服用产品四年了，此前一直很正常，持续的抗衰老效果很明显，但是第五年，衰老突然加速了，很多用户都是一夜白头，思维和行动都变得迟缓，甚至导致了身份识别的重大难题。很多人都进不了自己的单位和家门，甚至有一些将军进不了机密军事基地，搞得一切都乱套了。

受此影响，用户纷纷退订产品，并开始采取法律手段，要求仙桃长生公司给予他们天价补偿。一周之内，公司股价腰斩到了50元/股，公司市值从1 000亿元跌落到了400亿元，且还没有止跌的迹象。

这时，善财由于对仙桃长生公司有了一定的了解，对其行业前景也非常看好，于是大胆花500万元买了10万股。但公司的股价继续走低，逐渐跌到了

25元/股。但是善财不为所动，依旧坚定持仓，并加买了500万元，20万股。

当此之时，唐企僧和孙智圣一方面赶紧召回产品，安抚客户；另一方面组织研发人员进行原因排查。经过两个月的分析，他们发现其中一种物质在人体内会产生不良的生化反应，并形成另一种特定的物质。这种物质在第四年后，一旦与某种食物相混合，则会再次衍生出一种新的物质，这种物质具有明显加速衰老的作用。

当这个结果宣布之后，仙桃长生公司的股价开始反弹。半年后，公司研发人员用新的物质成功替换了原来不稳定的成分，经过再次的密集实验证明，产品已经安全无虞。上市六年后，仙桃长生公司终于迎来了最重磅的产品，可以让人类的寿命达到500岁以上。产品一出，举世哗然，股价开始上扬，一直从25元/股，涨了10倍以上，到了280元/股，公司总市值超过2 000亿元。善财当初投入的1 000万元变成了8 000万元，长期投资终于收获了硕果。

同时，孙智圣不断加强研发，在物质的提取纯度上更下工夫，产品延年益寿的效果愈发明显，人的预计实验寿命高达1 000岁了。但是，由此造成的社会不公问题一直没有解决，反而愈演愈烈。国家为此专门出台了一个法令，将公司的产品进行分级管理，将延缓衰老的程度达到30%以上的产品纳入国家战略物资管理，其购买和使用需要国家最高权力机构进行审批，并严格管理和发放。而仙桃长生公司只能对大众销售延缓衰老程度低于30%的产品，因此产品销售收入大跌到了原来的1/10。受此影响，公司营业收入跌幅达到80%，公司市值跌至600亿元。

为了应对这种变化，唐企僧延缓衰老程度30%以下的产品再次进行分层分级，针对不同用户推出不同的产品。慢慢地，公司收入开始回升，公司股票市值也回到了1 500亿元。

第三节　猪情戒投资掉三坑

猪情戒进入青春期后出落得亭亭玉立，更加漂亮了。在出演了一部大火特火的青春偶像剧后，名声大噪。同时，她还发行唱片、偶尔做脱口秀节目主持人，年收入高达1 000万元。加上这些年积攒下的收入，身家已经超过5 000万元了。然而，猪情戒对钱财却疏于打理，她的钱基本委托经纪人进行管理。

一天，猪情戒的经纪人在一个微信群里看到了一篇股权投资的帖子，写着“10万股起手，3元一股，不限量，IPO上市套利空间无限”。他不禁有些心动。随后，客户经理打电话来进一步介绍说，在这么有前景的公司上市之前以很便宜的价格入股，拿个两三年，一旦公司在新三板或创业板上市了，就可以很轻松地翻个两三倍的投资收益。两天后，客户经理邀请猪情戒和经纪人到该公司参加路演。公司位于金融街的金融大厦，给人一种高大上的感觉。参加路演的一共有一百多人。路演完毕之后，大多数人都觉得投资空间很大，毕竟又是挂牌新三板，又是登陆创业板的，于是跟着去签了认购合约。同样，猪情戒也跟着签署了协议，买了1 000万元的股权。

但后来，有投资者发现中了圈套。投资者在上市前很难有机会自由买卖，即便是公司挂牌了，也由于各种法规限定不能交易。投资者于是细究合同，才发现合同里绵里藏针地标明，挂牌之后只能由公司进行回购，根本就不能公开在新三板上市。再后来，投资者又发现该股权投资项目涉嫌严重造假，甚至没有在国家公开的股份转让系统查到该公司的信息。最后，猪情戒的1 000万元成了肉包子打狗，血本无归了。

知道亏空的那天，猪情戒在朋友圈看了一个段子：“有位领导从政府部门出来之后，每次跳槽，都会要求创业公司给股权。虽然薪水降了，却有股权期权和高管职位作为补偿。这几年下来，他的薪水到了大学刚毕业时的水平，拿了好几个创业公司的股权，后来这些创业公司都倒闭了。”猪情戒不禁苦笑起来。

此外，还有两笔投资也让猪情戒很受伤。在一次证券公司专门推介次级债的会上，猪情戒听到公司说“风险有限，机会无限”，尽管她听不太懂，但受推介者的蛊惑，买了1 000万元的债券。同时，她还在房价高点在一个热点的旅游城市买了两套大别墅，又用去了1 200万元。

随着次贷危机的爆发，当初发行债券的公司已经破产，猪情戒持有的1 000万元的债券分文不值了。而同时，房价泡沫开始破裂，两套别墅价格跌幅高达60%。这一下子就让猪情戒很被动了，只好不断接拍一些没有档次的广告，导致名声受损。

而猪情戒接拍的两个广告更是给她沉重一击。首先是一款美容产品的广告，后来该产品被证实有严重的毒副作用，对面部神经有很强的麻醉性，因此产品推出三个月后，被客户纷纷投诉举报，公司只好宣布永久召回。而另外一个保健品的广告，同样被国家权威机构宣布是虚假宣传而对该保健品公司和猪情戒进行了处罚。猪情戒的个人声誉也再次跌到谷底。

这时，龙命子邀请猪情戒做自己公司游戏教育软件的代言人。尽管这些年两人联系不多，但龙命子一直关注着猪情戒，得知她的境况后更是希望能有机会帮助她。在拍广告片的过程中，两人接触较多，慢慢地喜欢上对方，谈起了恋爱。两年后，他们结婚了。作为结婚礼物，龙命子给了猪情戒5%的龙命网游公司的股权，猪情戒一步重新迈入财富界。当然，鉴于猪情戒多次在理财上猛踩雷爆亏钱的事实，龙命子把猪情戒的理财权都给剥夺了，猪情戒自己也乐得轻松自在，从此安心做起豪门贵妇了。

第四节　龙命子成了游戏教育霸主

龙命子因为背靠雄厚的家族资源，有钱任性。他创立的龙命网游公司推出了“历史游戏争霸”系列素质教育游戏，让玩家在真实的历史场景中品味模拟人生，广受欢迎，公司广告和各种教育培训的收入也突飞猛进。

这个系列的游戏从一开始推出，社会反响就很好。原因是，为了更好地玩游戏，就需要了解真实的历史，于是孩子们更爱看各种历史书了，也更注意培育全面综合能力了。为此，父母和社会各界都非常高兴，终于能够实现寓教于乐了。但是，随着游戏麻醉效应的出现，很多孩子还是沉迷其中，慢慢地仿佛生活在古代的世界里，与现实世界越来越脱节了。因为毕竟社会在不断发展变化，社会的运行规则和对人的能力的要求也和几百年前有很大不同。反对的声音越来越大，对龙命子的公司的经营也产生了很大的负面影响。于是龙命子思考转型，开始侧重开发现实世界的系列争霸游戏。

一年后，龙命网游公司如期推出了“21世界争霸”游戏，用户可以选择不同的角色模拟对各个国家的管理，在半虚拟半真实的世界中感受社会运行，全面提升自己的综合素质。游戏一经推出，再次受到欢迎。很多学校纷纷以此作为依托的教育平台，老师们也纷纷利用游戏进行情景教育，孩子们也乐在其中，学习效率和效果大大提高了。再后来，公司上市了，市值很快突破了300亿元。

此外，半年前，作为财游网一直以来的大股东，龙命子从其他股东手里买回了股份。经过这些年的发展，财游网已经实现盈利了，公司的发展势头也很不错，经过中介公司的估值已经到了1亿元了。龙命子保留了善财、唐企僧和孙智圣各10%股份不动，其他40%的股份花了4 000万元都给买回来了。收购财游网后，龙命子把网游的用户导入财游网，实现双方用户共享，两个公司都获得了很好的发展。

第五节　经济大危机下三路人马的不同境遇

五个小伙伴里年纪最小的善财也已经24岁了。凭着各自创办的不同企业，三路人马都已经升达财富界，财神当初布置的任务总算完成了，大家终于可以长舒一口气了。但是，这口气还没舒到一半，这一年的5月份，唐人国爆发了经济危机。

经过近30年持续的货币天量供应，唐人国经济持续快速发展，但同样也带来了严重的通货膨胀。房价在最近的20年里涨幅高达15—20倍，很多家庭为买房都背上了沉重的债务，这一重厚厚的乌龟壳把大家都压惨了。更严重的是，国家形成了以房地产为核心依托的畸形的经济结构，其他实体经济因长期得不到应有的资金供应而显得羸弱不堪。因此唐人国开始强力去杠杆，减少货币供应量，同时实行减税等措施，以启动经济结构转型。由于总体的资金量大为减少，企业从银行贷款越来越难了，通过股市融资也越来越难。这样，原本习惯了充足货币供应量的各行各业一下子资金收紧，顿觉运行不畅，从而左支右绌，经营日渐艰难，生存也受到了前所未有的威胁。

雪上又加霜。本因经济转型而倍感脆弱的唐人国经济这时更是遭受了来自美国挑起的贸易战的打击。此前持续良性互动二十余年的世界国际贸易开始转向，各国之间纷纷提高关税，高竖“城墙”，国际贸易量大为减少，经济增速也大幅减缓。

在这种大背景下，五个小伙伴的公司和自身财富也遭遇了不同的劫难。

唐企僧的仙桃长生公司遭受了双重打击。一方面，面临用户流失和收入减少，另一方面由于花果山遭受了百年不遇的旱灾，一些仙桃树死了，仙桃产量大为减少，因此从这些仙桃提取的延年益寿的成分也少了很多，生产出来的成品丹药数量也大降。公司收入大幅下跌，公司股票市值又跌至500亿元了。在这种情况下，唐企僧只好尽可能地压缩公司运行成本。孙智圣则带领研发团队开始尝试用动植物做研发实验，让其延年益寿，增加其经济效益。过了三年，研发取得了很好的效果，公司再次走入正轨，市值再次攀升到了2 000亿元。

最惨的是龙命子。他们家的龙宫集团在这次危机中破产了。龙宫集团一直是国内排名前三的房地产巨头，这些年来通过从银行借钱、海外发债等多种途径筹了很多钱，一直不断扩张，在各地疯狂高价拿地并兴建开工。但由于经济危机导致货币政策收紧，再加上国家采取限购等房地产调控政策，导致龙宫集团建成的很多房子卖不出去，资金无法及时回收，因此资金链断裂。为了挽救龙宫集团，龙命子卖出了自己投资龙命网游公司60%股权中的一大半，收回了近100亿元的现金，同时变卖了各种珍贵的收藏品。但面对上千亿元的资金缺口，终究还是无力回天。在穷尽各种方法都无效后，无奈之下只好宣布龙宫集团破产。

但好在龙命子的爷爷藏龙三年前已经听从了龙命子的建议，留足了一笔钱，给家里的核心成员都买了年金保险，以充分保证他们上了年纪之后每年可以领到养老金，年轻时也可以每年领到足够的成长基金。就这样，一家的富足生活好歹有了保障。而这时，猪情戒尽管已经暂停演艺事业好几年了，但为了生活，只好再度出山，接演了很多影视角色。幸运的是，几乎部部卖座、风靡全国，猪情戒反而比之前更红了。正是靠着她的意外之火，龙命子的小家庭再度升入财富界。三年后，经济危机渐渐缓解，龙命网游公司也再度兴起，市值更是创了新高。

善财一家在经济危机中同样遭受了冲击，毕竟覆巢之下焉有完卵。但好在教育是长青行业，而牛学教育研发的智能学习机更是远超竞争对手，因此股价也只微跌了20%。之后由于产品的不断升级和完善，公司业务反而更加蒸蒸日上了。

第二十九章

财富宫里取真经

第一节　取得真经

善财26岁时，他们五人跌宕起伏，都已经进入了财富界。按照财神的要求，他们来到西天灵山的财富宫聚会，一同参加的还有牛魔王和铁扇公主。

财富宫的大厅里，财神郑重地给了每人一本经书。众人一看，不禁愕然，居然是无字天书。大家想起《西游记》第九十八回中的内容，不禁很迷惑。书中写道，唐僧师徒历经磨难到达灵山领取真经时，负责传经的阿傩、迦叶二尊者竟向唐僧索要好处。唐僧没给，领走之后才发现经书皆无字。

众人正困惑不已，观音菩萨说："有字的经写在纸上，无字的经写在心里。没有文字的经，才是真经。经者，径也。经就是道，道就是路，磨难经历本身才是取的真经。

"你们想要看到真经，就需要'悟空'。要'空'到什么地步呢？'空'到连自己吃饭的紫金钵盂都舍弃了。没了金饭碗，也就了无牵挂，该看透的就全看透了，该想明白的就全明白了。欲与取之，必先与之。彻底地舍弃，才能取得真经。在这一点上破了，空手而来，空手而去，去除一切束缚，才能取到这无字真经，了悟人生的真谛。”

众人闻此言，不禁大悟，于是按照观音菩萨的教导开始静坐参悟。一个小时后，无字真经在各人面前呈现了不同的内容。善财的是投资经典《金经》，唐企僧的是企业经营管理的《企经》，孙智圣是提升科研技能的《技经》，猪情戒的是演艺的《艺经》，龙命子的则是《玩经》。众人皆自欢喜，结合自己这些年的理财创业心得经验，完全沉浸其中，不断总结反省，时而频频点头，时而作恍然大悟状。

这时，财神开始了点评：“五个小伙伴都很好地完成了财富山升界的任务，不光获得了财富，自己也获得了成长。恭喜你们。你们都是凭着自己独特的才能来完成攀登财富山的任务的。善财依靠的是‘财商’，对各种理财品种有全面的了解和参与；同时还能不断提升自己的‘企商’，创办财游网和牛学教育公司，都大获成功，结果非常好。唐企僧靠的是企业家精神和才能，是‘企商’，以一己之力激发出仙桃长生公司全体员工的力量，开发出了延年益寿的好产品，为人类和社会积德造福，自己也借此一步登天。而孙智圣凭着自己的智商，能想到从仙桃中提取长生基因，研发出各种延年益寿的产品，是个专业人才，自己一步登入财富界，也是理所应当的。龙命子一直基于自己的游戏和编程爱好，能把游戏和教育很好地结合起来，开发出了大受欢迎的游戏教育产品，改变了教育的呆板形式，也是造福人类的事。至于猪情戒，依靠自己的演艺才能，在这条路上坚持下去，娱乐了大众，丰富了他们的精神生活，是值得肯定的。但是，你却不善理财投资，入过不少投资陷阱。但好在你能认识到这一点，把理财的重担转给龙命子，也是有自知之明的。”

逐个点评之后，财神继续分析说：“但是，你们也要清楚一点，你们的成功更是因为你们生在一个好时代，身处太平盛世，充分享受到了唐人国经济持续发展的红利。此外，你们几个人在教育、健康和娱乐领域创办的企业也

都符合了时代需求和社会发展，都很成功。创办一家成功的企业是升达财富界的快速之道。在成熟的资本市场上，企业每多挣一元钱，对应的财富（企业市值）可能就能多几元、几十元，甚至几百元。事实上，财富界的很多人都有自己的企业。”

最后，财神勉励大家：“尽管你们现在获得了成功，但还要未雨绸缪，做好应对时代动荡更迭的准备，这可是更加考验你们的能力和心性的。”

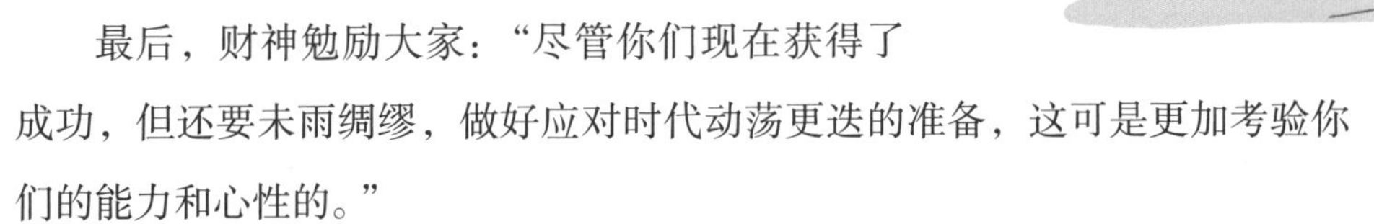

待财神说完，观音菩萨对一旁的牛魔王和铁扇公主说道：“你们一家这一番人间历练，不辱使命，成就颇丰，终成正果。牛魔王能够改掉以前好吃懒做的习性，踏实地从做快递员起步，并不断积累经验，有勇气创办牛学教育公司，可喜可贺。日后，你还要戒急用忍，既然入了佛门，就潜心在佛祖身边继续修行吧。至于铁扇公主，能够从刺绣扇子做起，不断摸索商道，也学会了投资房产，取得了很好的成绩，恭喜你。你可以再找一个隐秘的地方自行修行，日后会成就无限的。至于善财，从8岁接受使命到26岁完成使命，这一路踏踏实实，很圆满。你也已经长大成熟了，过段时间再到我身边做个善财童子，随我一起普度众生，给众生科普理财投资吧。”说完，观音菩萨念起了解除紧箍咒的咒语，牛魔王和铁扇公主头上隐形的紧箍咒彻底去除了。

善财一家自是高兴异常，连忙颔首称是。

第二节　十二生肖弟子大复命

三天后，财神十二生肖弟子大聚会的日子到了。善财此前已按照财神的吩咐，在人间找齐了他们，并且通知他们再回到财神身边去。

这一天，财神庙布置得金碧辉煌。财神在中间主位上坐下，左边从上到下依次是猪八戒、兕大王、蛇女、哮天犬、东海龙王、孙悟空6人，右边从上到下依次是毗蓝婆、白龙马、玉兔、羊力向导、老鼠精、虎力教练6人。5个小伙伴和财灵站在财神的对面。财神的18个弟子都到齐了。

财神待大家都在位子上坐好后说道："欢迎大家从人间回来。首先，我们欢迎5位新成员加入我们的理财传播阵营。"话音刚落，大家啪啪地鼓起掌来，猪八戒和孙悟空更是朝5个小伙伴做着鬼脸。

随后，财神的目光转向十二生肖，说道："善财童子找到了你们，并整理了你们的理财经历和心得。我认真地看了。可以说，你们都圆满地完成了任务。现在，你们各位都用一句话来概括你们所掌管的投资品种。"

“消费就是要‘八戒’。”猪八戒首先说道。

“储蓄型产品要防止庞氏骗局。”老鼠精说。

“我要让债券这只母鸡下好蛋。”毗蓝婆说。

“选好基金、信托这种千里马。”白龙马说。

“保险可以提防草丛中的蛇。”蛇女说。

“创业得七十二变。”孙悟空说。

“外汇投资要巧借洋钱生子。”羊力向导说。

“房地产投资可以狡兔三窟。”玉兔说。

“收藏品投资要有一双火眼金睛。”东海龙王说。

“我就要骑在股票的牛背上。”兕大王说。

“我要守好期货、期权的风险之门。”哮天犬说。

“投资自己是统领一切的投资。”虎力教练最后说道。

一个充满慈悲的声音突然响起：“很好，你们都很清楚地说明了这些理财品种的本质和要害所在。恭喜你们在人间取得了非凡的成绩，相信你们的投资能力能够给大家带来新的财富。我想，如来佛祖也会为你们高兴的。”大家一看，原来是观音菩萨。

观音菩萨接着说：“当然，通常而言，不同的市场情况下，要侧重不同的品种，比如股市景气时，就应多买一些股票而少买一些债券。但如果遇上整体的经济危机或者战争等导致的系统性风险，股市、债市、外汇、房地产等就可能齐跌，因此这时就要做好统一的避险动作，尽量让自己少受影响。总之，要适应趋势取得好的投资效果，需要灵活对待，各有侧重。此外，术业有专攻，精通一种或几种品种，通过有效的进退之道，也可以取得好的效果。当然了，除了这12种投资，还有许多其他生钱之道，比如买彩票、赌博甚至抢劫等，但它们毕竟不是正道，而且面临更大的风险，所以大家还是不碰为妙。

“随着老百姓的理财需求不断增多，还会有许多新的产品推出来，而在每一种产品里，也还会有许多新的投资方式。总的趋势肯定是越来越多样化、人性化。所以，大家还要不断关注投资理财行业的发展，不要忘了学习。对了，我还布置给大家一个如何跑赢通货膨胀的问题，你们谁来回答？”

这时，善财站了出来，他先给大家看了不同资产的收益率情况（见表29-1）。

表29-1　近10年不同资产收益率及波动率情况

资产	指标	2008年12月31日价格	2018年4月20日价格	年化收益率（%）	近250周波动率（%）
股票	上证综指	1820.81	3071.54	5.76	23.11
	深证综指	6485.51	10408.91	5.20	26.37
	上证50	1384.91	2647.38	7.19	24.73
	沪深300	1817.72	3760.85	8.10	23.05
债券	上证国债	121.30	163.96	3.28	0.72
	中证公司债	114.60	184.77	5.25	0.91
商品	中证商品CFI	100.00	130.20	2.98	11.57
房地产	全国住宅平均销售价格	3576.00	7203.00	7.79	/
美元	美元兑人民币汇率	6.83	6.29	–0.88	27.26

资料来源：Wind、如是金融研究院。

如表29-1所示，最近10年来，各种资产的平均年化收益率均在10%以下，收益率最高的房地产平均年化收益率为7.79%。以股票为例，上证综指和深证成指近10年的年化收益率均在5%—6%，上证50年化收益率也仅为7.19%。但股票资产近250周波动率均在20%以上，风险远远高于债券、商品等资产。而风险最低的债券年化收益率均较低，上证国债为3.28%，中证公司债为5.25%。

善财解释道：“如果就长期而言，房地产、股票指数和业绩稳健的基金是大体能跑赢通货膨胀的。但就短期而言，可以选收益更稳定的品种。一是分级A类基金，稳健的基本上年化收益率在6%左右，流动性也好，是很多低风险投资者和追求固定收益的机构的最爱，但运气不好的话也可能踩雷。二是稳健的信托产品，但其期限长，流动性相对较差，也有踩雷风险。但不管长期还是短期，合理借钱去有效投资更划算。通货膨胀会使得债务贬值，而通过投资获得的固定资产账面价值也会跟着通货膨胀上涨。增加了的资产减去变少的债务，自然所得就变多了。”

财神对此很认同，并补充说道：“其实，要战胜通货膨胀，最主要的是加大对自己能力和素质的投资，终身不断学习，提升自己，这是最好的抗通货膨胀的方式。虎力教练还给你们讲过投资自己的长年收益率要远高于其他金融品种。”

唐企僧接着说道：“尽管我们五人都已经登入财富界了，但是民间还有许多不同层次的投资者。我发现，他们大体由低到高可分为七大类。”随后，唐企僧给大家展示了下图（见图29-1）。

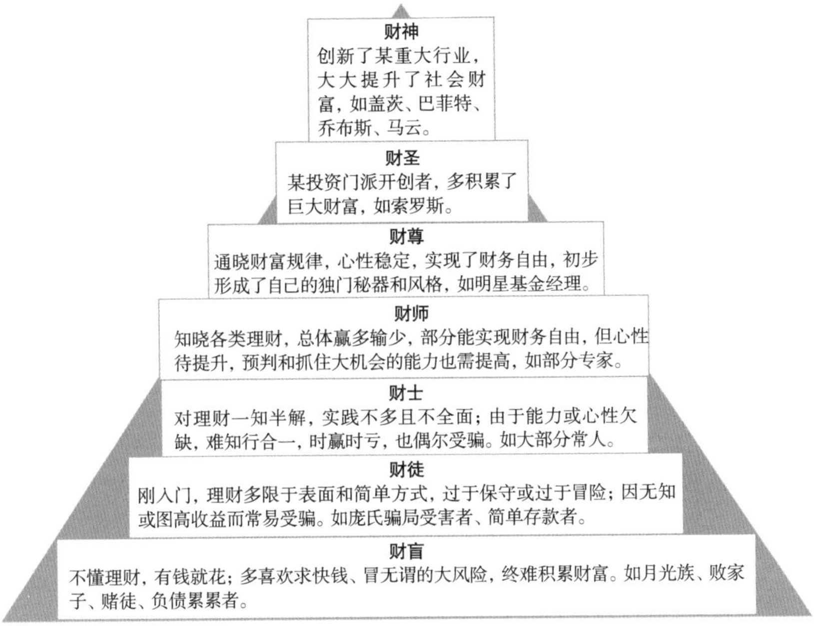

财神
创新了某重大行业，大大提升了社会财富，如盖茨、巴菲特、乔布斯、马云。

财圣
某投资门派开创者，多积累了巨大财富，如索罗斯。

财尊
通晓财富规律，心性稳定，实现了财务自由，初步形成了自己的独门秘器和风格，如明星基金经理。

财师
知晓各类理财，总体赢多输少，部分能实现财务自由，但心性待提升，预判和抓住大机会的能力也需提高，如部分专家。

财士
对理财一知半解，实践不多且不全面；由于能力或心性欠缺，难知行合一，时赢时亏，也偶尔受骗。如大部分常人。

财徒
刚入门，理财多限于表面和简单方式，过于保守或过于冒险；因无知或图高收益而常易受骗。如庞氏骗局受害者、简单存款者。

财盲
不懂理财，有钱就花；多喜欢求快钱、冒无谓的大风险，终难积累财富。如月光族、败家子、赌徒、负债累累者。

图29-1　投资者的七个层次

大家对照着这张图，想起此前接触的很多投资者，不禁心领神会。随后，唐企僧接着问道："对于那些起点低的投资者，他们又该如何来投资呢？"

"你们谁来回答这个问题？"财神巡视了一番，最后目光落在财灵身上。

财灵答道："首先要明确投资目的，从而决定该冒多大风险，进而决定一个总体的风险水平。如果是用来糊口活命的话，那么主要的是控制风险，可以通过分散投资来降低总体风险。但是，如果当闲钱用的话，投资组合的总体风险就可以高一些。"

财神回应道："别忘了，龙生九子，各有不同，每个人的具体情况不一样。术业有专攻，如果对投资某个金融品种得心应手，不妨加大其比例，没必要千人一面，固守一种组合。总之，投资是每个人自己的事情，需要自己去不断学习和总结。"

他接着问道："有几条用数字和比例概括的通用理财定律，你们基本都了解过了。谁能总结一下？"

这时，善财一条一条地说出如下一些理财定律。

- 4321定律：家庭资产合理配置比例。家庭收入的40%用于供房及其他方面投资，30%用于家庭生活开支，20%用于银行存款以备应急之需，10%用于保险。
- 72定律：不拿回利息，利滚利存款，本金增值一倍所需要的时间等于72除以年收益率。比如，如果在银行存10万元，年利率是2%，每年利滚利，多少年能变20万元？答案是36年。
- 80定律：股票占总资产的合理比重等于80减去自己的年龄，再添上一个百分号（%）。比如，30岁时股票可占总资产的50%，50岁时则占30%为宜。

- 家庭保险双十定律：家庭保险设定的恰当额度应为家庭年收入的10倍，保费支出的恰当比重应为家庭年收入的10%。
- 房贷三一定律：每月房贷金额以不超过家庭当月总收入的1/3为宜。

“非常好！”财神肯定道，他的18个弟子也不住地点头。

“对了，龙命子，你对财富的保存和传承有什么感悟？”显然，财神没忘记当初布置给龙命子的任务。

龙命子回答：“对于财富界的人而言，最主要的是未雨绸缪、居安思危，晴天里先做好打伞的准备。首先，可以单独分立出一笔足够的钱，自己通过设立家族信托基金等方式，去做一些稳健和长久的投资，比如在世界范围内配置一些指数型的基金，也可以买一些国债等，总之不能太冒险，要以保值为第一位，能扛得起真正的大风大浪。其次，可以购买年金保险、分红险等偏理财性质的保险，通过先趸交保费或者分几次交费，之后在几十年，甚至用几代的时间来逐年或定期领取保险金，领取人可以是自己，也可以是自己的子孙后代。这样确保自己和自己的家族万一面临大的经济危机或其他风险，财富还可以换一种形式保存下来给自己或子孙。”

第三节　观音菩萨的总结

“很好，大家的任务都完成得不错。最后，我给大家讲三个小故事，分别是关于冒险、风控和自觉自愿的，希望你们能有所领悟。”观音菩萨语重心长地开始了。

★ ★ ★

有一天，寄居蟹看见龙虾正把自己的硬壳脱掉，只露出娇嫩的身躯，于是问道：“龙虾，你怎么可以把唯一保护自己身躯的硬壳也放弃呢？难道你不怕大鱼一口吃掉你吗？以你现在的情况来看，连急流也会把你冲到岩石上去，到时你不死才怪呢。”

龙虾气定神闲地回答：“谢谢你的关心，但你不了解，我们龙虾每次成长，都必须先脱掉旧壳，才能生长出更坚固的外壳。现在面对危险，只是为了将来发展得更好做准备。”

有人问大师：风控是什么？

大师反问：你走过大桥吗？

人答：走过。

大师问：桥上有栏杆吗？

人答：有。

大师问：你过桥的时候扶栏杆吗？

人答：不扶。

大师问：那么，栏杆对你来说就没用了？

人答：当然有用了，没有栏杆护着，掉下去了怎么办？

大师问：可是你并没有扶栏杆啊！

人答：可是没有栏杆，我会害怕！

大师：是的，风控就是桥上的栏杆，有了风控的保障，你做交易才会更安全，心里更踏实。

有人问大师：大师，你在公众场合是素食，一个人在房间会不会吃肉呢？

大师并没有回答他的问题，反问：你是开车来的吗？

来访者：是的。

大师：开车要系安全带。请问你是为自己系还是为警察系？如果是为自己系，有没有警察都要系。

来访者：喔，我明白了！

“故事讲完了。希望你们在进行投资理财这项刺激而富有活力的游戏时能记住：为了将来的发展适当地冒点险时，别忘了做风控，并且要始终自律自觉去持续学习和提升自己。”观音菩萨总结道。

后来，受益于五个小伙伴取回的五本经书，唐人国民众各显其能，很快就收获满满，不仅满足了进贡西天极乐世界的需要，自己也过上了幸福安康的生活。

智慧界封神

取得真经后，五个小伙伴再次下到人间。他们牢记着财神的话："财富有点像肥料，把它洒下去，它就会帮助作物生长，渐渐地你就会更富有。付出你的财富，跟需要的人一起分享，金钱就会变成一种福祉，然后从各个方面回馈到你自己身上。"

五天后，他们在卧佛寺再次遇到了文财神范蠡——那个在金钱王国看守大门的老头。他给大家讲述了自己"三聚三散"的故事。

范蠡帮助勾践复兴越国后，深知勾践为人可共患难不能共富贵，于是就辞职带着西施乘舟远行，一去不复返。这是一聚一散。

范蠡浮海到齐国，更名改姓，耕于海畔，父子治产，没过几年就积产数十万。齐国人仰慕他的贤能，请他做宰相。范蠡感叹道："居家则至千金，居官则至卿相，此布衣之极也。久受尊名，不祥。"于是归还宰相印，将钱财尽数分给朋友和乡邻，再次隐去。这是二聚二散。

到了定陶，范蠡观察出此地为贸易的要道，经营贸易可以致富。于是他自称陶朱公，长居此地，从父子耕畜开始，根据时机作物品贸易，取薄利。时间不长，就累积万万。之后，因自己的次子杀人而被楚王处斩后，范蠡再次散尽家财。这是三聚三散。

讲完了自己的故事后，范蠡补充道："财富从大众中来，终究要回归大众。我们每个人都不过是财富的保管者而已。我们的职责就是要让财富真正发挥它的作用，能真正帮助那些最需要它们的人。只有这样，才不会在名利财富面前迷失自我，从而能够保全自身、进退自如。你们知道，盖茨曾说'巴菲特用优惠券请我吃饭，但他却承诺捐给我370亿美元'。还有钢铁大王卡内基、Facebook创始人扎克伯格等，他们都是这样的人。知道自己有能力帮助他人，这是世上最棒的感觉。任何体验过这种帮助人的快活感觉的人，

都会觉得自己是最富有的。”

此后，五个小伙伴利用自己积累的财富，成立了很多医疗基金、扶贫基金和农业基金，致力于社会的进步和大众福祉的增加。而他们各自的公司也越来越发展壮大了。

终于有一天，他们五人脱离了财富山，进入了智慧界。再后来，善财童子回到观音菩萨身边，继续普度众生。财灵离开了善财，又去辅佐它的下一任主人了。临行前，她对善财说：“很高兴陪伴了你人生中最重要的18年，你也学会了自己成长。其实，我只不过是一个工具而已，真正给你信心的是你的内心，是你持续的进取经历和不断累积的成就感。”

唐企僧和孙智圣则每年把一定量的产品无偿给穷苦大众用，自己也靠着最新的产品而获得了长生不老。至于猪情戒，后来专门免费给慈善事业做广告代言，并身体力行号召大家行动起来。而她丈夫龙命子的游戏教育公司在某一天也宣布永远无偿给大众使用，不再收费了。

这之后，五个曾经的小伙伴齐升到了智慧界，进入了灵山，在那里接受了佛祖的封赏。唐企僧被封为企管神，孙智圣被封为智能神，善财被封为善财神，龙命子被封为天命龙马，猪情戒被封为天情神。

而世界依旧运转，凡人依旧在这六个境界中轮回折腾。

后记

写这本书的念头由来已久。

此前，我写过《拱出银行的小猪》和《一生的理财功课》两本书，前者采用故事和漫画形式，后者采用类似于教科书的形式，都获得了许多好评。最近几年，经济形势一年比一年难测，股市重新经历了一轮从高点到低点的全过程，牵涉无数家庭的P2P不断爆雷消失，房价也依然一如既往地高昂着头。许多家庭财富灰飞烟灭，少数人一夜暴富，更多的人则依然孜孜不倦地追求着金钱和财富。人性的贪婪和恐惧总是交织的，但理财意识的淡漠和理财知识的欠缺，进一步催生和滋长了这种贪婪和恐惧。

目前市场上的理财书多分布两端，要么多理念、多鸡汤，要么很专业、很晦涩。而网络上的各种投资笔记也偏散乱零碎，有志于系统提升自己投资理财能力的人，还需要在这些材料迷宫中费时费力去甄别遴选。

为此，作为一个从事理财教育的人，我总觉得自己应该再进一步做点什么，于是便有了这本《财游记：善财童子理财取经故事》。本书以善财童子等升界取经为线索，参考借鉴了很多网络上的资料，书中的部分故事和创意也缘于此，在此对诸多作者一并表示感谢。在介绍外汇时，为便于更好地阅读和了解，我虚构了五个小伙伴去拜访投资大师巴菲特和芒格的故事，其中所述的具体故事和话语大体都有可信的出处来源。谨以此方式对值得我一生膜拜的投资大师致敬。此外，好友刘大勇和彭亮也分别对书中保险与债券部分提出了很好的修改建议。

我还要感谢北京大学出版社的兰慧女士，她使本书在可读性和趣味性方面得到了提高。同时，还要感谢包噗噗，她的漫画让本书更为出彩。

在本书的构思和写作过程中，我家老大正读小学四年级，正是对故事和游戏很感兴趣的年龄，他也提出了一些可取的建议。谢谢他和我亲爱的家人，使我有时间和精力去做这件于理财有一些创新意义的工作。

是为后记。